U0174442

一本书读懂半导体

[日]井上伸雄　藏本贵文　**著**

于　乐　李哲洋　魏晓光　母春航　**译**

机械工业出版社

这是一本半导体科普书，介绍了半导体的相关知识。在开始学习之前，通过序章，首先介绍半导体有什么了不起之处、半导体的类型和作用、半导体是如何制造的，以及半导体发挥作用的领域。之后通过 5 章具体的内容，阐述半导体是什么，晶体管是如何制造的，用于计算的半导体，用于存储的半导体，光电、无线和功率半导体等。此外，本书在每章最后配有"半导体之窗"，补充了一部分相关知识。

本书适合对半导体感兴趣的初学者阅读，对于学生也有很高的科普阅读价值。

Original Japanese title：“HANDOTAI” NO KOTOGA ISSATSU DE MARUGOTOWAKARU
© 2021 Nobuo Inoue, Takafumi Kuramoto Original Japanese edition published by Beret Publishing Co. , Ltd
Simplified Chinese translation rights arranged with Beret Publishing Co. , Ltd
through The English Agency（Japan）Ltd. and Shanghai To-Asia Culture Co. , Ltd.
北京市版权局著作权合同登记　图字：01-2023-3864 号

图书在版编目（CIP）数据

一本书读懂半导体／（日）井上伸雄，（日）藏本贵文著；于乐等译 . —北京：机械工业出版社，2024.5
ISBN 978-7-111-75662-0

Ⅰ . ①一… 　Ⅱ . ①井…②藏…③于… 　Ⅲ . ①半导体-普及读物
Ⅳ . ①O47-49

中国国家版本馆 CIP 数据核字（2024）第 080871 号

机械工业出版社（北京市百万庄大街 22 号　邮政编码 100037）
策划编辑：杨　源　　　　　　责任编辑：杨　源
责任校对：甘慧彤　牟丽英　　责任印制：郜　敏
中煤（北京）印务有限公司印刷
2024 年 6 月第 1 版第 1 次印刷
145mm×210mm · 6. 25 印张 · 1 插页 · 158 千字
标准书号：ISBN 978-7-111-75662-0
定价：79. 80 元

电话服务　　　　　　　　　　网络服务
客服电话：010-88361066　　机 工 官 网：www. cmpbook. com
　　　　　010-88379833　　机 工 官 博：weibo. com/cmp1952
　　　　　010-68326294　　金　书　网：www. golden-book. com
封底无防伪标均为盗版　机工教育服务网：www. cmpedu. com

● 前 言 ●

"学习半导体的捷径就是学习其历史"，我现在对此深信不疑。

我是一名作家，同时也在半导体行业的一线担任工程师的工作。因此，我经常思考应该如何编写一本合适的半导体入门书。

然而，这是一项困难的任务。因为当前的半导体行业技术高速发展且分工越来越细，所以很难做到全面了解。

例如，我的专业是"建模"技术，需要进行参数提取，以便在仿真工具上再现晶体管等元器件的电气特性。这项技术对半导体行业至关重要。然而，对于一般人，甚至对于在技术领域就业的理工科研究生来说，解释这种高度专业化的技术也非易事。

我曾考虑过，要在一本书中讲述包含如此多专业化知识的半导体技术，是否有可能，或许不可能。

正是在那个时候，我收到了有关撰写这本书的提议。井上伸雄先生不幸去世，他留下了这本书的手稿，希望我能继续完成这项工作。

巧合的是，我在 2021 年收到了这个提议，当时半导体供应不足给整个社会带来了巨大影响。人们对半导体的关注度很高。

因此，我认为有必要撰写一本能够全面理解半导体技术整体情况的书籍。但是，这并不容易。

当初收到井上先生的手稿目录时，坦率地说，我记得自己露出了一丝苦笑。这是因为手稿中的内容主要是关于过去的事情，看起来都是一些不太适用于现代半导体行业的知识。

然而，在阅读了那份手稿之后，我的想法改变了。因为手稿非常有趣。井上先生对半导体行业的早期历史非常了解，手稿中包含了当时的人事变迁和背景情况。

此外，我在阅读手稿时意识到了一件事情。现代半导体行业已经成长为一个总销售额达 50 万亿日元的重要产业，全世界有众多工程师参与其制造和开发工作。因此，将这种技术简洁明了地总结出来是不可能的。

然而，如果回到半导体行业的黎明期，那时只有数十名工程师参与其制造和开发工作，在那种规模下对其全貌进行理解也是可能的。

而且，仔细研究各项技术的内容后，我发现像 CMOS、微处理器和半导体存储器的工作原理等在超过半个世纪的时间里几乎没有改变，仍然是半导体的基本技术。

IT 行业被称为技术进步迅猛的行业，作为其核心的半导体技术领域的细节也在不断变化。然而，我注意到其根本思想却并没有发生太大变化，这让人有些意外。

特别是从半导体应用的工程和商业角度来观察半导体行业的商界人士来说，仅仅理解这一根本思想就可以大幅扩展他们的视野。

本书以井上先生撰写的有关半导体技术基础和历史的手稿为依托，再由我补充了一些缺失的内容，旨在成为学习现代半导体技术的起点。

我不仅考虑了各项基本技术的详细信息，还着重考虑了为什么这些技术变得必要，以及如何理解其背景。

仅仅阅读这本书并不能让你完全理解现代半导体技术的所有内容。然而，通过理解本书中所讲的基本技术的背景和脉络，你一定能够更容易地理解最新的半导体技术。

那么，让我们开始学习广阔的半导体技术吧。首先，将从简短地回答一些基本问题开始。例如"半导体有什么了不起之处"和"半导体的类型和作用"。现在，请继续前往序章。

藏本贵文

● 目　　录 ●

第2章 晶体管是这样制造的

第3章 用于计算的半导体

第4章 用于存储的半导体

第5章 光电、无线和功率半导体

序章

半导体的世界

首先，半导体是如何工作的？
有哪些类型？
它们是如何制造的？
它们如何被使用？
我们将对这些进行简要概述。
在正文开始之前，
请将其作为预备知识阅读。

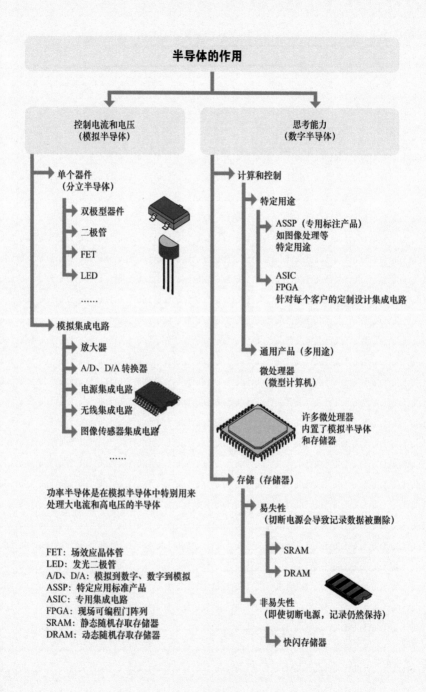

半导体的作用

控制电流和电压（模拟半导体）

→ 单个器件（分立半导体）
  → 双极型器件
  → 二极管
  → FET
  → LED
  ……

→ 模拟集成电路
  → 放大器
  → A/D、D/A 转换器
  → 电源集成电路
  → 无线集成电路
  → 图像传感器集成电路
  ……

功率半导体是在模拟半导体中特别用来处理大电流和高电压的半导体

FET：场效应晶体管
LED：发光二极管
A/D、D/A：模拟到数字、数字到模拟
ASSP：特定应用标准产品
ASIC：专用集成电路
FPGA：现场可编程门阵列
SRAM：静态随机存取存储器
DRAM：动态随机存取存储器

思考能力（数字半导体）

→ 计算和控制
  → 特定用途
    → ASSP（专用标注产品）
      如图像处理等
      特定用途
    → ASIC
      FPGA
      针对每个客户的定制设计集成电路
  → 通用产品（多用途）
    微处理器
    （微型计算机）

    许多微处理器内置了模拟半导体和存储器

→ 存储（存储器）
  → 易失性（切断电源会导致记录数据被删除）
    → SRAM
    → DRAM
  → 非易失性（即使切断电源，记录仍然保持）
    → 快闪存储器

1 半导体有什么了不起之处?

半导体无处不在。事实上,可以毫不夸张地说,凡是需要插入电源插座的电子设备,以及使用电池的设备,都使用了半导体。可以说没有半导体,就无法使用电力。

想象一下,如果现代社会失去了电力,将会产生多大的影响。如果没有半导体,将会产生与电力从世界上消失相同的巨大冲击。

那么,半导体究竟起着什么作用呢?

总的来说,它有两个主要功能,一个是"控制电流和电压",另一个是"进行思考"。

● 控制电流和电压的模拟半导体

首先,让我们从第一个功能,即"控制电流和电压"进行解释。这种半导体也被称为模拟半导体。

模拟半导体的作用可以进一步分为三个部分,它们分别被称为开关、转换和放大。

首先,"开关"的作用是控制电流的流动和中断。在科学课上,我们曾经连接电池和铜线来点亮小灯泡。通过连接它们,灯泡会发光,会一直保持亮着的状态。在实际的电子产品中,我们通过控制开关来控制灯泡的开和关。模拟半导体的一个作用就是充当这个开关。

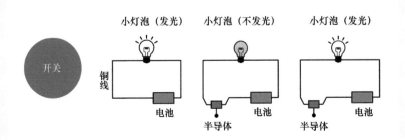

模拟半导体的第二个作用是"转换"。

你可能知道，电视、收音机和手机都是从电波中获取信息的。在这里，电子设备需要将电波信号转换为可以处理的电信号，在从电子设备发送信息时，将电信号转换为电波信号，这都是半导体的作用。

此外，你可能听说过将半导体 LED（发光二极管）用于灯泡，也就是"LED 灯泡"。这种半导体 LED 的作用是将电能转换为光能。

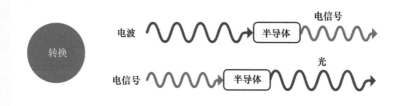

而模拟半导体的第三个作用是"放大"。

一些电子设备配备了传感器，可以测量温度、压力等参数。这些传感器可以将信息转换为电信号，但这些信号非常微弱，容易消失或受到噪声的干扰。因此，需要将微弱的信号放大为强大的信号。半导体的作用之一就是承担这个任务。

● 进行思考的数字半导体

接下来，我们要谈论的是半导体扮演的另一个重要角色，即"思考"的角色。这种半导体也被称为数字半导体。

计算机是一种能够支持人类智力的机器。它可以执行复杂的计算，存储大量信息等。人工智能（AI）也是依靠内置在计算机中的半导体来运行的。

这种计算和存储的功能在数字半导体中起着重要作用。你可能听说过 CPU、微处理器或处理器等词汇，这些都是利用半导体的"思考"功能制造的产品。而利用半导体的"记忆"功能制造的产品被称为存储器。

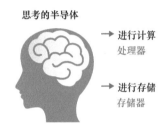

思考的半导体

→ **进行计算**
处理器

→ **进行存储**
存储器

如果将机器比作人类，那么半导体就扮演了大脑和神经的角色。通过这个比喻，可以更好地理解半导体的重要性。

2　半导体的类型和作用

半导体无处不在，因此很容易找到。

如果有机会，可以尝试拧下房间里的计算机或家电等电子产品的螺钉，打开它们的外壳。然后会看到类似绿色板子的东西，上面堆满了很多黑色的零件。这些零件就是半导体。

看到这一点，你可以发现半导体上的端子（引脚部分）数量有很大的差异，从只有几个引脚的，到大约10个引脚的，再到拥有数十个引脚的都有。

分立半导体

首先，拥有少数引脚的半导体被称为分立半导体，因为它们是由一个单独的器件（例如，晶体管或二极管）组成的产品。LED（发光二极管）等也被归类为这一类别。

接下来是具有大约10个引脚的半导体。它们由多个器件组合而成，实现了具备一定功能的电子电路，被称为单功能集成电路（IC）。代表性的例子包括用于信号放大的放大器和用于提供恒定电压的稳压器集成电路。

单功能集成电路（IC）

同时，分立半导体和单功能集成电路通常属于用作控制电流和电压的模拟半导体。

另外，功率半导体基本上也属于模拟半导体。因为通常用于电流和电压较高的情况下，所以也被认为是经过特殊设计的模拟半导体。

同时，拥有数十个以上引脚的是被称为LSI（大规模集成电路）的器件。这些器件在一个半导体中实现了包含1000个以上器件的复杂电路。

像微处理器这样进行数字处理（计算）的半导体通常需要大量的器件，因此通常被归类为LSI。微处理器是通用的，被设计成用

于各种用途。另一方面，专为图像处
理、通信等特定用途而设计，以提高
特定性能的 LSI 被称为 ASSP（特定应
用标准产品）。

LSI

另外，用于存储信息的半导体被
称为存储器。由于用于数字处理的 LSI
需要存储器，因此许多微处理器内部都集成了存储器。

3 半导体是如何制造的？

这里简要介绍一下半导体是如何制造的。前面提到的 LSI（大
规模集成电路）的构造如下图所示。

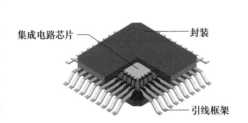

集成电路芯片　　　　封装

引线框架

LSI（大规模集成电路）的核心部分，也就是被称为 IC 芯片
的半导体部分，通常被黑色的封装外壳所覆盖。IC 芯片上有端
子，通过引线和引线框架连接在一起。封装的作用是保护 IC 芯片
免受水分和杂物的影响，同时也提供了印制电路板（PCB）的
连接。

封装还有一个功能，它使得 IC 芯片更容易被安装（粘贴）在
电路板上。

而制造这种半导体的过程主要可以分为三个步骤。

首先是设计阶段，这个阶段确定了要创建什么功能的半导体，

并在计算机上进行设计。这个设计过程通常使用专用的 EDA 软件进行。这些软件在技术上非常先进，使用费用也相当昂贵。

接下来是所谓的前工程阶段。在这个阶段，将设计好的电路图案制作到被称为硅晶圆的圆形硅基板上。这里使用了光刻技术，可以制作非常微小的结构，对于先进的半导体工艺，微小结构尺寸可以达到 10nm（纳米）（相当于 1mm（毫米）的十万分之一）。半导体电路图案是人类创造的最微小结构之一。

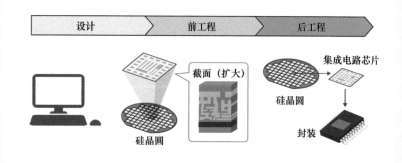

最后是后工程阶段，它涉及将硅晶圆上的 IC 芯片划片并组装到封装外壳中。然后，对其进行测试，以确保其按照预期工作。如果测试合格，它就可以作为成品出售。

4 半导体发挥作用的领域

笔者刚才提到，在有电力的地方就会使用半导体。正如这个事实所表明的那样，半导体广泛应用于世界各地的各个领域。

首先，让我们考虑计算机。笔者提到了半导体的作用是进行思考和计算。计算机和游戏机等正是这一概念的典型例子。甚至可以认为这些设备只不过是将半导体组装在盒子里而已。

个人计算机　　智能手机　　服务器　　游戏机

当然，家电中也广泛使用了半导体。以空调为例，半导体用作风扇和加热器的开关。而在微波炉中，则被用作加热装置的开关。另外，即使是在家电领域，也会使用半导体进行计算，例如用作计时器或根据温度信息控制输出。

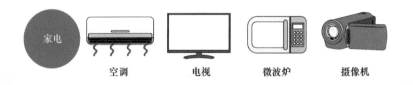

空调　　　　电视　　　　微波炉　　　摄像机

此外，还有交通工具。不仅是电动汽车，即使是燃油汽车，它们的发动机也会受到电子控制，因此使用了大量的半导体。有轨电车和飞机等交通工具也离不开半导体的支持，否则无法运行。

汽车　　　　有轨电车　　　飞机

半导体在大型设备中也是不可或缺的。如发电站等处理电力的设备，以及机器人和工厂的生产设备中也广泛使用了大量的半导体。

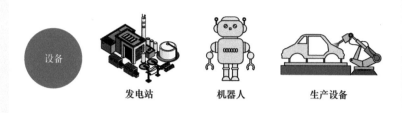

设备　　　　发电站　　　　机器人　　　　生产设备

　　通过这样一一列举，可以再次明白，没有半导体，我们的生活将无法维持。

第 **1** 章

半导体是什么?

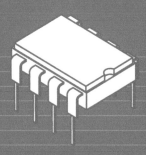

1-1

"半导体" 之前的半导体

从矿石收音机到晶体管

半导体真正开始广泛应用是从 1947 年末美国发明晶体管开始的。然而，在那之前也使用了类似半导体的东西，其中的代表就是矿石检波器。

广播开始出现时（日本是在 1925 年），最初的广播收音机使用了矿石检波器。检波器是一种用于从无线电波中提取音频和音乐等信息信号的器件，由于它们使用了天然存在的矿石，所以被称为矿石检波器。

图 1-1 展示了矿石检波器的原理，它采用了与方铅矿等特殊矿石接触的金属针的结构（见图 1-1a）。

电流由金属针向矿石方向流动比较容易，但在反向的情况下，即从矿石流向金属针时，电流流动比较困难（见图 1-1b），这就是所谓的整流特性，也是半导体的特点之一。

在这个整流特性中，电流流动容易的方向被称为正向，电流流动困难的方向被称为反向。

换言之，正向时电阻低，而反向时电阻高。

这些器件之所以能够用作检波器，原因将在稍后解释。而且，在正向和反向两个方向上，电阻值的比例越大，矿石检波器的灵敏度就越高。

由于矿石检波器使用天然矿石，因此其品质不稳定。灵敏度会因针与矿石接触的位置不同而变化。因此，需要移动针来寻找灵敏度最高的最佳位置。尽管如此，由于它简单、便宜，且不消耗电力，因此在早期的收音机中经常使用。

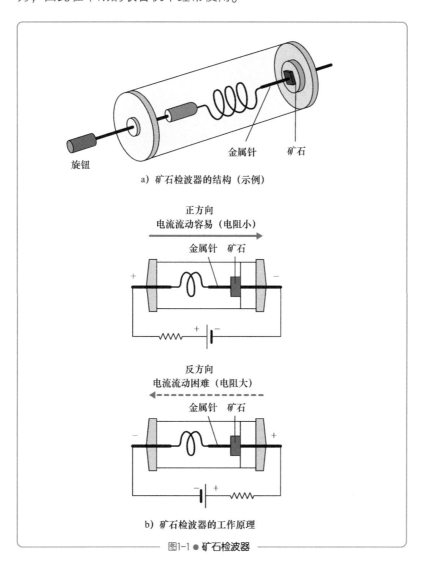

金属针　矿石

旋钮

a）矿石检波器的结构（示例）

正方向
电流流动容易（电阻小）

金属针　矿石

+　　　　　　　　　　　　−

+　−

反方向
电流流动困难（电阻大）

金属针　矿石

−　　　　　　　　　　　　+

−　+

b）矿石检波器的工作原理

图1-1 ● 矿石检波器

而当时的少年们使用矿石检波器自己制作矿石收音机并乐在其中。本书作者（井上）在孩童时期也曾制作和享受矿石收音机。当成功调整矿石检波器时，能够清晰地听到广播，这令人感到非常激动。为了尽可能提高接收的灵敏度，我们都会动手进行各种改进。

这里简要解释一下检波器如何从电波中提取原始信息信号。

图1-2展示了这一原理。为了通过电波传送低频波，如声音和音乐，需要将其转换为高频波。

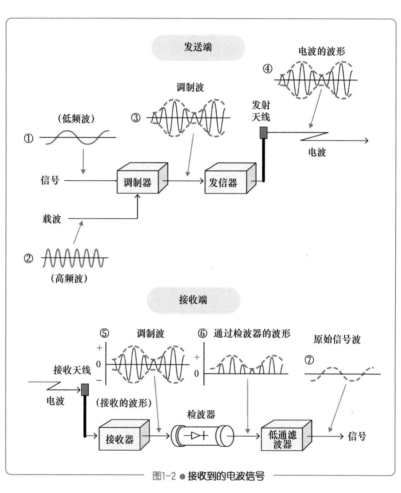

图1-2 ● 接收到的电波信号

这个过程称为调制。在图中，将信号波（图中①）与携带高频率波的载波（图中②）输入调制器，最终生成了类似图中③的波形。然后将这个波形转换为电波并传送出去（图中④）。

当接收到这个电波（图中⑤）并输入到检波器时，检波器只允许调制波的正半波通过，因此产生了类似图中⑥的波形。这个波包含了低频信号波和高频载波，因此通过低通滤波器（只允许低频波通过的滤波器）可以提取原始信号波（图中⑦）。

随后，真空管收音机成为主流，矿石检波器逐渐不再被使用，但在第二次世界大战中矿石检波器又重新获得了应用。在第二次世界大战期间，雷达发挥了重要作用。

如图 1-3 所示，雷达发射高频电波的脉冲。使用方向性强的天线向目标发送高频电波脉冲，当这些电波碰到目标物体并反射回来时，通过测量时间差来确定目标的距离。使用高频电波的原因是，频率越高，可以更精确地识别更小的物体。

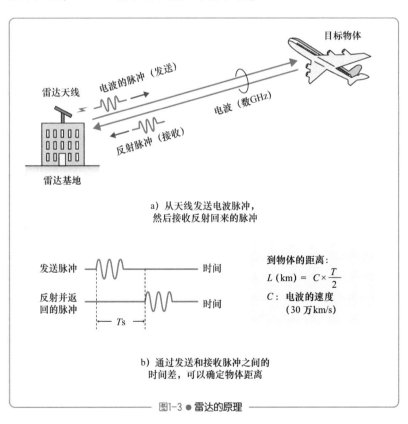

a）从天线发送电波脉冲，
然后接收反射回来的脉冲

到物体的距离：

$$L \text{ (km)} = C \times \frac{T}{2}$$

C：电波的速度
（30 万 km/s）

b）通过发送和接收脉冲之间的
时间差，可以确定物体距离

图1-3 ● 雷达的原理

这种雷达使用名为微波的电波，其频率为 3~10GHz。

真空管作为检波器其尺寸较大且电容也较大，不适用于高频电波中的信号检测。

因此，矿石检波器再次登场。与真空管不同，矿石检波器的针仅与矿石点接触，因此电容较小，在高频下也能良好地工作。

然而，正如前面所述，矿石检波器的操作不够稳定，所以在战争中不能直接使用。

因此，在欧美进行了一项研究，旨在开发一种性能更好的探测器，以取代矿石探测器，并且发现了硅晶体（半导体）与钨金属针的组合。

由于硅晶体是人工制造的，因此可以获得均匀的晶体，无须像使用矿石那样去寻找金属针的最佳接触位置并进行调整。

此外，由于对用于雷达应用的硅检波器进行了广泛研究，因此明确了硅晶体是典型的半导体。

提纯技术的进步提高了晶体的纯度，这在战后促使了晶体管的发明。然后，随着这种高性能检波器的出现，此前几乎未被利用的高频微波信号变得可以使用了，这项技术在战后被引入到民用领域，用于电视广播和微波通信。

半导体是这样的东西

温度和杂质会增加电导率

让我们更详细地了解一下半导体。

当根据物质的电学性质进行分类时，可以将其分为电流容易通过的导体和电流无法通过的绝缘体两类。

导体包括金、银、铜等金属，它们的电阻低，电流容易通过。另一方面，绝缘体包括橡胶、玻璃、瓷器等，它们电阻高，电流难以通过。

让我们用电阻率 ρ（希腊字母 rho）来表示这些物质。电阻率的单位是 $\Omega \cdot m$，数值越大，电阻就越大。

虽然没有明确的定义，但通常将导体定义为电阻率大约在 $10^{-6}\Omega \cdot m$ 以下的物质，而将绝缘体定义为电阻率大约在 $10^{7}\Omega \cdot m$ 以上的物质，如图 1-4 所示。

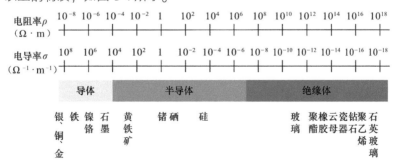

注：由于绝缘体的电阻率值有很大的变化，因此这里只列出了一些代表性的数值。

图1-4 ● 导体、半导体和绝缘体的分类

17

有时候，电阻率会被电导率 σ（希腊字母 sigma）代替表示。电导率是电阻率的倒数（$\sigma = 1/\rho$），单位是 $\Omega^{-1} \cdot m^{-1}$。换句话说，与电阻率相反，电导率越大，电阻就越小。

相比之下，半导体从字面上显示了导体和绝缘体之间的中间性质，其电阻率也位于导体和绝缘体之间，即在 10^{-6} 到 $10^{7}\,\Omega \cdot m$ 之间。半导体的代表物质包括硅（Si）和锗（Ge）。

半导体的特点不仅在于电阻率的大小，更在于电阻率值会受温度和微量杂质的存在而发生显著变化。图 1-5 概念性地展示了其随温度变化的情况。在图中，使用电导率（σ）表示，但请注意，纵轴是以对数刻度表示 σ 的值。

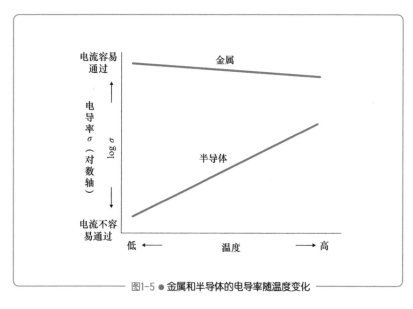

图1-5 ● 金属和半导体的电导率随温度变化

正如从图 1-5 中可以看出的那样，通常情况下，金属在升高温度时电导率会降低（电阻率增加），而半导体则相反，大致在 200℃ 以下的情况下，随着温度升高，电导率会显著增加（电阻率降低）。

这种随着温度升高电导率增加的现象是由法拉第于 1833 年在硫化银（Ag_2S）中发现的，并被视为奇特的现象。

虽然当时无法解释，但这是半导体性质首次被发现的事实。

电流是电子流动的过程，因此电导率的提高意味着半导体中可移动电子的数量增加。电子最初受到半导体原子的正电荷束缚，不能自由移动。然而，当温度升高时，电子会受到热能的影响，脱离原子束缚，从而变得能够移动。

当自由移动的电子数量（自由电子）增加时，电导率相应提高，这意味着电流更容易通过。这是半导体的一个重要特征。

对于高纯度的半导体晶体，在室温下，热能不足，因此自由电子几乎不存在，可以视为绝缘体。

然而，通过向这些半导体晶体中添加某些极少量的元素作为杂质（Ge 或 Si 以外合适的元素），可以实现电子的传导。

这也是半导体的一个显著特点，可以使电流更容易通过。

半导体中的自由电子也可以通过光的能量产生。

这一现象的发现可以追溯到 1873 年，当时英国的史密斯（Smith）发现，将光照射到具有半导体特性的硒（Se）上时，电阻会减小（内部光电效应）。

1907 年，英国的朗德（Round）发现，当在碳化硅（SiC）晶体上施加电压并提供能量时，该晶体会发出光线。这种光与电能相互转换的特性也是半导体的一个特点。

制造高纯度的半导体晶体

由直拉法制备的晶锭

要制造晶体管、集成电路（IC）、大规模集成电路（LSI）等半导体器件，需要使用极高纯度的半导体单晶。这一纯度水平通常要求达到 99.999999999%（有 11 个 9，因此称之为 "11N"）。

早期的晶体管使用了锗，但现在的半导体器件大多使用稳定特性的硅。硅在地球上是第二丰富的元素，仅次于氧气，因此在资源方面没有问题。

硅易氧化，大量存在于沙子和岩石中，以二氧化硅（SiO_2）的形式存在。

要制备可用作半导体材料的硅晶体，首先需要将 SiO_2 与碳高温还原来获得纯的单质硅。由于这种单质硅仍含有杂质，因此需要将其与氯气和氢气反应以去除杂质，制得高纯度的硅晶体（多晶硅）。由于硅的精炼过程需要耗费大量电力，因此日本通常从电力相对便宜的国家如澳大利亚、巴西和中国进口高纯度的硅。

将多晶硅转变为单晶硅常常使用直拉法（Czochralski 法，简称 Cz 法）。

这个过程如图 1-6 所示，将经过精炼的多晶硅装入石英坩埚中，然后将其放入充满惰性气体（如氩气）的石英管中，通过线圈加热并使其熔解。

一本书读懂半导体

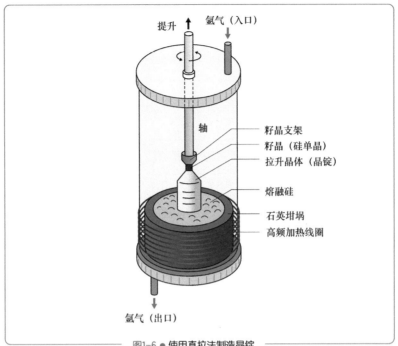

图1-6 ● 使用直拉法制造晶锭

然后在石英坩埚中，以小型硅单晶作为籽晶，使其与熔化的硅表面接触，同时缓慢地旋转并逐渐提升，当冷却凝固时，它将生长成具有与籽晶相同的原子排列的大型单晶块。这种单晶块被称为晶锭，如图 1-7 所示。

源自：frog-stock.adobe.com

图1-7 ● 硅单晶和硅晶圆

在这个过程中，最初存在于硅中的微量杂质会熔解到熔化的硅中，并析出，固化的硅晶体纯度将进一步提高。

将晶锭切割成约 1mm 厚的片称为晶圆，将晶圆分成数 mm 到十几 mm 大小的单元称为芯片（见图1-8）。

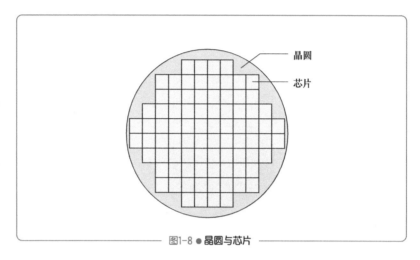

图1-8 ● **晶圆与芯片**

集成电路（IC）和大规模集成电路（LSI）等半导体器件就是在这些芯片上制造的。从一块晶圆中可以获得的芯片数量与晶圆的直径成正比，扩大晶圆尺寸有助于降低制造成本。因此，目前制造的大型晶锭其直径可以达到 300mm。

1-4

半导体中的电子

自由电子和空穴是"电流的搬运工"

在 20 世纪实用化的电子设备是通过从外部自由控制电子流动来工作的。

最初使用的真空管通过外部电场和磁场来控制真空玻璃管内流动的电子，实现了各种功能。要在半导体中实现类似的功能，需要在半导体中存在适当数量的电子，并能够有效地从外部控制它们的流动。

先来看看半导体晶体中的电子是如何分布的。

如果查看元素周期表上的半导体元素，如锗（Ge）和硅（Si），你会发现它们属于同一族。

图 1-9 是从周期表中提取的以锗（Ge）和硅（Si）为中心的元素部分。周期表中具有相似性质的元素通常纵向排列在一起，这些纵向排列的组被称为"族"，分为 1 族到 18 族。

图示的周期表是目前主要使用的长周期型。然而，在半导体相关的书籍和论文中，经常使用以前使用的短周期型。这是基于 0 族到 Ⅷ 族的分类。

11 族对应 Ⅰ 族，12 族对应 Ⅱ 族，13 族对应 Ⅲ 族，14 族对应 Ⅳ 族，15 族对应 Ⅴ 族，16 族对应 Ⅵ 族。在本书中，将同时列出它们。

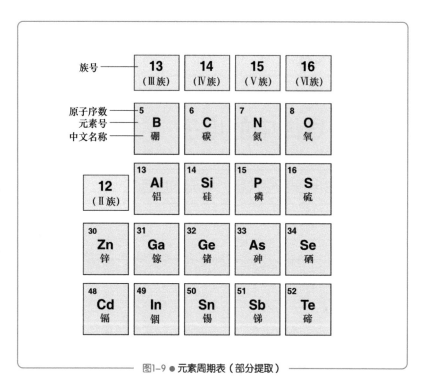

族号 ————
| 13
（Ⅲ族） | 14
（Ⅳ族） | 15
（Ⅴ族） | 16
（Ⅵ族） |

原子序数 ————
元素号 ————
中文名称 ————

| 5
B
硼 | 6
C
碳 | 7
N
氮 | 8
O
氧 |

| 12
（Ⅱ族） | 13
Al
铝 | 14
Si
硅 | 15
P
磷 | 16
S
硫 |

| 30
Zn
锌 | 31
Ga
镓 | 32
Ge
锗 | 33
As
砷 | 34
Se
硒 |

| 48
Cd
镉 | 49
In
铟 | 50
Sn
锡 | 51
Sb
锑 | 52
Te
碲 |

图1-9 ● 元素周期表（部分提取）

　　锗和硅都属于 14 族（Ⅳ族）。而这个 14 族的特点是最外层电子数为 4 个（请参阅第 1 章最后半导体之窗——原子的结构专栏）。图 1-10 显示了 14 族元素的电子排布，可以看到最外层轨道有 4 个电子。

　　此外，14 族（Ⅳ族）的元素中，锗之后还有锡（Sn），但在常温和常压下，锡是以金属的形式存在的，通常不被称为半导体。

　　由于最外层电子轨道最多可以容纳 8 个电子，因此有 4 个位置仍然是空的（见图 1-11a）。

　　通过从与这些空位相邻的 4 个原子中各获得一个电子来填充这些空位的方式，原子之间将紧密结合（共价键），从而形成晶体（见图 1-11b）。硅和锗也是如此。

　　此外，虽然图示中以平面的二维方式呈现更容易理解，但实际上是一个三维的立体结构，如图 1-12 所示，位于正四面体中心的原子与 4 个位于顶点的原子之间以共价键相结合。

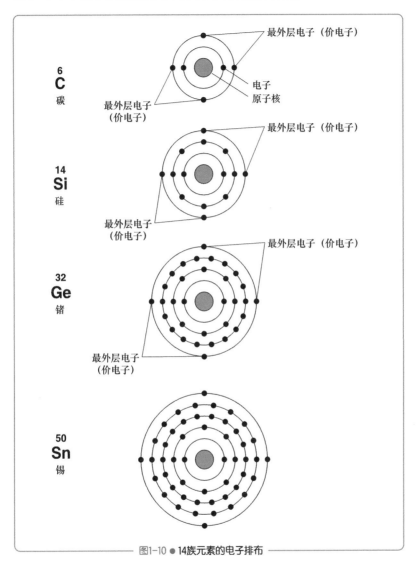

图1-10 ● 14族元素的电子排布

在硅（Si）和锗（Ge）的晶体结构中，原子会以正四面体的形状依次堆叠形成巨大分子。

由于具有与钻石（金刚石）相同的晶体结构，因此被称为金刚石结构（请参考图 1-19）。

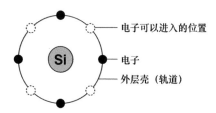

电子可以进入的位置

电子

外层壳（轨道）

a）硅原子的最外层电子有4个

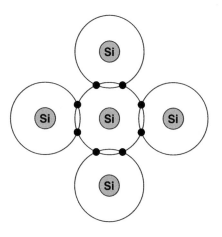

b）硅原子通过与相邻的4个原子共用电子，形成共价键来填满最外层

图1-11 ● 硅（Si）电子的共价键（二维平面）

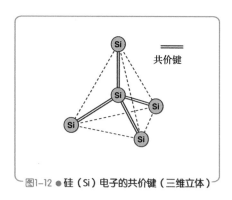

共价键

图1-12 ● 硅（Si）电子的共价键（三维立体）

在图 1-11 所示的晶体结构中，电子全部用于原子之间的结合，没有多余的电子。因此，在晶体内没有自由移动的电子，无法传导电流。高纯度半导体几乎不导电正是因为这个原因。

然而，随着温度的升高，原子会吸收热能，因此，根据图 1-13 所示的情况，一些原子之间的结合会因这种能量而断裂，电子会逸出并在晶体内自由移动（自由电子）。

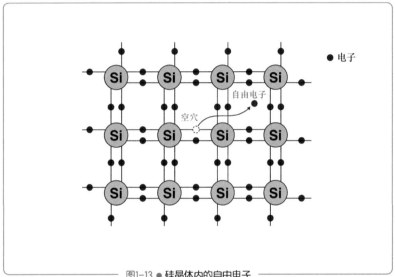

图1-13 ● 硅晶体内的自由电子

那么在原本带有负电荷的电子的位置会产生一个空穴。我们将这个位置看作带有正电荷的空位，并称为"空穴"（hole）。

这个空穴可以从相邻的原子中夺取电子，从而在相邻原子中形成新的空穴。

这样，空穴也可以在晶体内自由移动。因此，随着温度升高，半导体中自由电子和空穴的数量增加，更加容易导电，如图 1-5 所示，电导率会提高。

表 1-1 显示了硅（Si）和锗（Ge）原子之间结合的强度，可以看出 Si 的结合比 Ge 更强。表中还以参考的方式列出了金刚石（C），可以看出其结合非常强。这正是金刚石坚硬的原因。

表1-1 ● 结合能的比较

结合键	结合能 / (kcal[①]/mol)
C—C （金刚石）	83
Si—Si	53
Ge—Ge	40

① 1kcal = 4. 1868kJ。

在半导体中，与这种结合强度相关的参数，能带间隙（简称"带隙"，又称"禁带宽度"）E_g，非常重要。

这个能带间隙表示电子离开原子的束缚，变成能够在晶体中自由运动的自由电子所需的能量。换句话说，结合越强，能带间隙就越大。

表1-2列出了 Ge、Si、C（金刚石）的能带间隙值。正如从中可以看出的那样，由于锗的能带间隙较小，结合较弱，随着温度升高，它更加容易吸收热能并生成自由电子。

表1-2 ● 第Ⅳ族元素的能带间隙值

元素	能带间隙E_g/eV[①]
C （金刚石）	5.47
Si	1.12
Ge	0.66

① 单位是电子伏特（eV），表示一个电子从1V电位获得的能量。

因此，当温度超过 70℃ 时，锗晶体管中的自由电子数量会增加得过多，导致无法正常工作。

相比之下，硅（Si）由于其较大的能带间隙，自由电子的产生较为困难，因此硅半导体器件可以在大约 125℃ 的温度下正常工作。

金刚石的能带间隙非常大，结合非常强。因此，在室温下，几乎没有自由电子产生，使其成为一个绝缘体（请参考图 1-4）。

在半导体中，自由电子和空穴是"电流的搬运工"，因此被称为"载流子"。硅和锗的晶体中，每立方厘米约有 5×10^{22} 个原子，硅在室温下产生的电子和空穴数量大约为每立方厘米 1.5×10^{10} 个，而锗大约为 2.4×10^{13} 个。这个数量的载流子（自由电子和空穴）对应的电阻率大约为硅 $2.3 \times 10^{3} \Omega \cdot m$，锗为 $0.5\Omega \cdot m$ 左右。

1-5

半导体分为 n 型和 p 型

取决于掺杂的杂质种类

思考一下，在高纯度的半导体晶体中添加极少量来自第 15 族（V 族）的元素之一，如磷（P）、砷（As）、锑（Sb）等，作为杂质（这个过程称为掺杂）会发生什么情况。

在这里所说的掺杂，并不仅仅是将杂质简单地混合在一起，而是用杂质原子替换掉原始的硅（或锗）原子，以使其融入晶体结构中。

所谓"极少量"是指以原子计算，杂质原子数量大约是硅（或锗）原子数量的数十万分之一到百万分之一左右。在这种微量级别下，即使添加了杂质，晶体的结构也不会完全改变。

第 15 族（V 族）的原子，如磷（P）、砷（As）等，其特点是外层电子数为 5 个，如图 1-14a 所示。因此，当在硅中掺杂磷进行晶体生长时，如图 1-14b 所示，一部分的硅原子将被磷原子替代。在这种情况下，磷原子有 5 个外层电子，因此会多出一个电子。

由于这种情况下电子与原子的结合非常弱，因此它成为自由电子并在晶体内自由移动。由于这些具有负电荷的电子成为载流子，因此通过这种方式创建的半导体被称为"n 型半导体"（n 代表 negative，表示负电荷），使电流传导变得容易。

一本书读懂半导体

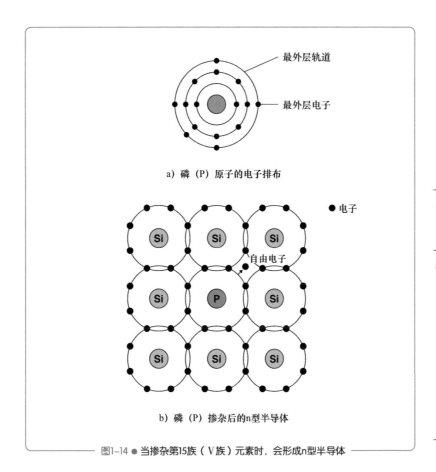

a）磷（P）原子的电子排布

● 电子

自由电子

b）磷（P）掺杂后的n型半导体

图1-14 ● 当掺杂第15族（Ⅴ族）元素时，会形成n型半导体

现在，我们以类似的方式，掺杂第 13 族（Ⅲ族）的元素之一，如硼（B）、铟（In）等。第 13 族（Ⅲ族）的原子的特点是其最外层电子数为 3 个（如图 1-15a 所示）。因此，当在硅中掺杂硼进行晶体生长时，如图 1-15b 所示，硅原子的一部分将被硼原子替代。然而，硼原子只有 3 个外层电子，因此会少一个电子，留下一个空位，形成了空穴。

由于这个正电荷的空位成为载流子，因此这个半导体也变得更容易传导电流。因此，通过这种方式制备的半导体被称为"p 型半导体"（p 代表 positive，表示正电荷）。

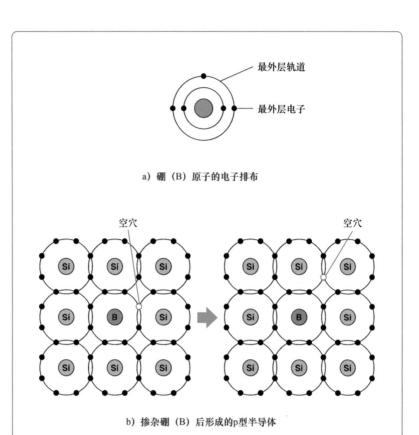

最外层轨道

最外层电子

a）硼（B）原子的电子排布

空穴

空穴

b）掺杂硼（B）后形成的p型半导体

图1-15 ● 当掺杂第13族（Ⅲ族）元素时，会形成p型半导体

为了使电流更容易传导，必须通过掺杂的方式将第 13 族（Ⅲ族）或第 15 族（Ⅴ族）的元素原子成功地替代硅或锗的原子，以形成纯净的晶体。并不是所有的元素都能实现这个目的。

掺杂的杂质原子数量通常以每立方厘米 10^{15} ~ 10^{16} 个原子计算，通常不超过 10^{18} 个（超过 10^{18} 几乎成为导体）。因此，发挥重要作用的杂质元素数量通常会受到掺杂杂质的种类和数量的限制。

因为发挥重要作用的杂质原子数量相比于无掺杂的本征半导体的原子数量 5×10^{22} 个少了 6~7 个数量级，所以需要将要使用的半导体材料精炼到 11N 的非常高纯度的级别，以去除多余的杂质。

无论是 n 型半导体，还是 p 型半导体，载流子的数量都与掺杂的杂质原子数量相同。在 n 型半导体中，载流子是电子，而在 p 型半导体中，载流子是空穴。

　　无论是 n 型半导体，还是 p 型半导体，都存在由温度引起的热能产生的电子-空穴对，它们也能成为载流子。然而，它们的数量比掺杂的杂质原子数量少了几个数量级，因此不能成为主要的载流子。在 n 型半导体中，主要载流子是电子，少数载流子是空穴；而在 p 型半导体中，主要载流子是空穴，少数载流子是电子。

　　通过巧妙地组合 n 型半导体和 p 型半导体，可以制造出各种半导体器件，包括晶体管等。

1-6

p 型和 n 型半导体接合而成的二极管

用作整流器和检波器

虽然前面已经介绍了 p 型和 n 型半导体，但单独的 p 型或 n 型半导体并不能实现任何功能。只有通过将 p 型和 n 型半导体接合起来，才能实现各种功能。

这里的"接合"意味着将两个半导体连接在一起，但仅仅通过压合或者使用胶水黏合是不行的。必须要求在一个半导体晶体中，p 型区域和 n 型区域像图 1-16a 所示那样连续地相互连接在一起。

p 型区域和 n 型区域相接触的部分称为 pn 结，其界面称为结面。通过这种方式将 p 型半导体和 n 型半导体连接起来，可以制造出最基本的半导体器件之一，即 pn 结二极管，如图 1-16b 所示。

在 p 型半导体中，带有正电荷的空穴在运动，而在 n 型半导体中，带有负电荷的电子在运动。因此在二极管中，似乎空穴和电子会穿越结面进入彼此的区域，使得正电荷和负电荷相互抵消为零。然而实际上，结面存在电学上的势垒，空穴和电子都无法自由穿越这个势垒。

在这种状态下，考虑将 p 型半导体一端连接到正电极，将 n 型半导体一端连接到负电极施加电压。这被称为正向偏置，p 型半导体中的空穴穿越结面的势垒向负电极移动，而 n 型半导体中的电子也类似地向正电极移动。结果是，电流从 p 型半导体流向 n 型半导体。

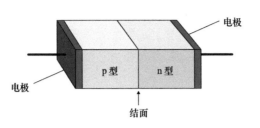

电极

p型　n型

电极

结面

a) pn（结）二极管

正方向

结面

p型　n型

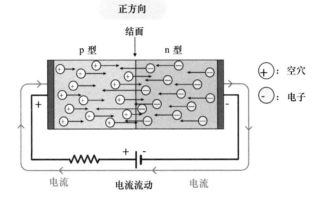

（+）：空穴

（-）：电子

+

-

+　-

电流　电流流动　电流

反方向

结面

p型　n型

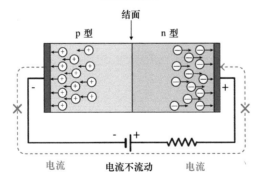

-　+

电流　电流不流动　电流

b) pn结二极管的工作原理

图1-16 ● pn结二极管的结构和工作原理

相反地，将 p 型半导体一端连接到负电极，将 n 型半导体一端连接到正电极并施加电压的状态称为反向偏置。在这种情况下，p 型半导体中的空穴移向负电极，n 型半导体中的电子移向正电极。因此，在结区形成了一个几乎没有载流子的"绝缘区"，电流不会流动。

图 1-17 展示了二极管的电流-电压特性，其中电压为横轴，电流为竖轴。

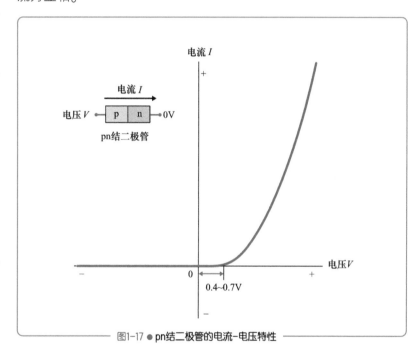

图1-17 ● pn结二极管的电流-电压特性

正方向为正向偏置，反方向为反向偏置。在正向偏置情况下，电压需要超过 0.4~0.7V 才会开始有大电流流动，这可以看作是越过 pn 结面的势垒所需的电压。

另一方面，反向偏置下，即使增加电压，电流也不会流动。但是，如果电压过高，会发生反向击穿现象，导致大电流流动。

因此，二极管具有整流功能，可以用作将交流变成直流的整流器，或用作从无线电波中提取信号的检波器。

1-7

金刚石是半导体吗？

也有可能成为终极的半导体

当查看元素周期表（图1-9）时，会发现碳（C）是第14族（Ⅳ族）中的第一个元素，就像硅（Si）和锗（Ge）一样。碳原子也有4个外层电子（请参阅图1-10），就像硅（Si）和锗（Ge）一样，它也有4个空位。

碳元素自古以来以木炭的形式被使用。它的代表性单质（由单一元素的原子组成的物质）包括石墨和金刚石，它们被称为碳元素的同素异形体。此外，后来人们还发现了更多的碳元素同素异形体，如富勒烯和碳纳米管。

石墨中的碳原子在平面上呈规则的六边形结构（见图1-18），平面与平面之间由强度较弱的分子间作用力相结合，因此容易分离。此外，石墨以其导电性而闻名（参见图1-4）。这是因为碳原子的四个最外层电子中，有三个与邻近的碳原子形成共价键，而剩下的一个则表现得像一个自由电子，不参与成键。

另一方面，金刚石是（如图1-19所示）由碳原子按照四面体的排列方式堆叠而成的巨大分子。在这种结构中，所有四个最外层电子都形成了共价键。

图1-19中展示的正四面体结构与图1-12中显示的Si的晶体结构完全相同，被称为金刚石结构。因此，金刚石也有可能被用作半导体。然而，如表1-2所示，由于金刚石的原子之间以共价键紧密

结合，导致带隙非常大，室温下几乎不会产生自由电子。因此，在通常条件下，它会变成绝缘体。

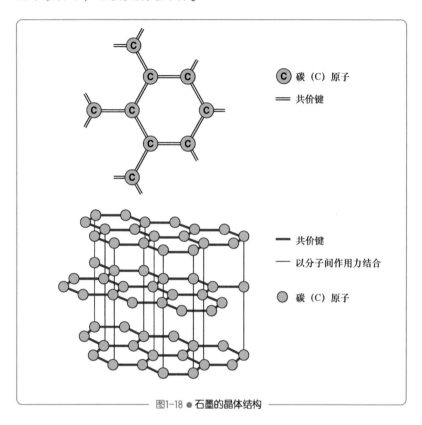

© 碳（C）原子
━━ 共价键

━━ 共价键
── 以分子间作用力结合
◯ 碳（C）原子

图1-18 ● **石墨的晶体结构**

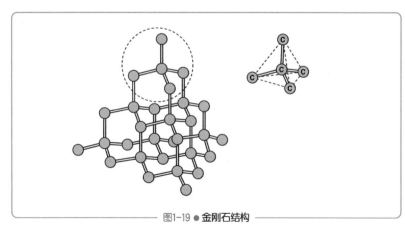

图1-19 ● **金刚石结构**

然而，一些天然的金刚石中含有极微量的硼（B），正如图 1-15 所示的那样，这赋予它们 p 型半导体的特性。同样地，如果能够将磷（P）掺杂到金刚石中，它将成为 n 型半导体。

然而，由于金刚石具有坚固的晶体结构，要在金刚石格子中掺杂这些元素而不引入缺陷是很困难的。

当把金刚石作为半导体与其他半导体进行比较时，它展现出了非常卓越的特性。它具有较大的带隙（能够耐受高温和高电压），绝缘击穿电压约为硅的 30 倍（适用于高电压应用），热传导率约为硅的 13 倍（具有出色的散热性能）。可以认为它是一种具有这些出色属性的极佳半导体材料。

然而，制造大型、高质量的单晶基板具有挑战性，实际应用仍然需要时间。

另一方面，碳化硅（SiC）由硅（Si）和碳（C）原子以 1∶1 的比例组成，比金刚石更易处理，并且在某种程度上具备了金刚石的独特特性。

因此，以满足高温高压需求的功率器件领域为中心，SiC 半导体的应用正在持续发展。

第 1 章 半导体是什么？

1-8

 还有化合物半导体

用来制造高速晶体管和 LED

迄今为止，我们已经解释了由 14 族（Ⅳ 族）元素（如锗（Ge）和硅（Si））构成的单质半导体。此外，还存在着将多种元素组合成化合物的半导体（化合物半导体）。前面介绍的碳化硅（SiC）也是一种化合物半导体。

让我们再次查看一下图 1-9 所示的元素周期表。

从中选择 13 族（Ⅲ 族）的镓（Ga）和 15 族（Ⅴ 族）的砷（As）以 1:1 的比例组合成晶体，镓的 3 个外层电子和砷的 5 个外层电子会像图 1-20 所示一样结合，有效地填满 8 个电子的位置。这就是化合物半导体——砷化镓（GaAs）。

化合物半导体是指由多种元素组成的半导体，而不是单一元素。但并非任何元素的组合都可以，而是需要与 14 族（Ⅳ 族）元素半导体一样，原子间以共价键相结合，并形成同样的外层轨道电子配置。

因此，元素的组合必然是确定的。换句话说，最外层电子数之和必须为 8，也就是限制为最外层电子数为 4 和 4、3 和 5、2 和 6 的元素组合。换句话说，适用于元素周期表中的 14 族（Ⅳ 族）与 14 族，13 族（Ⅲ 族）与 15 族（Ⅴ 族），以及 12 族（Ⅱ 族）与 16 族（Ⅵ 族）的组合。

如上所述，砷化镓（GaAs）是由Ⅲ族和Ⅴ族元素组成的，因此被

一本书读懂半导体

称为Ⅲ-Ⅴ族化合物半导体。类似地，Ⅱ-Ⅵ族半导体有硒化锌（ZnSe）。

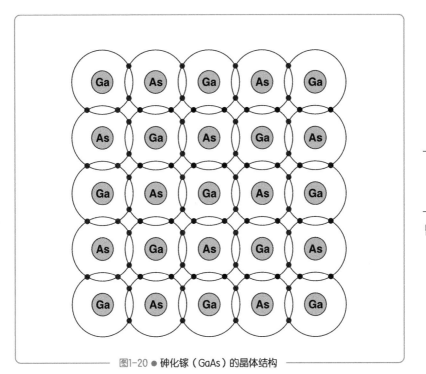

图1-20 ● 砷化镓（GaAs）的晶体结构

不仅仅是两种元素的化合物，还存在着由三种元素或四种元素组成的化合物半导体。例如，AlGaAs 是由三种元素组成的化合物半导体，但由于 Al 和 Ga 都属于 13 族（Ⅲ族）元素，因此它也被归类为Ⅲ-Ⅴ族化合物半导体。通过改变 Al 和 Ga 的混合比例，可以制备电学性质略微不同的半导体，因此可以根据需要制备出具有所需性质的半导体，以适应不同的目的和应用。

当组合两种以上的元素时，还需要形成稳定且完美的晶体结构才能表现为半导体。图 1-21 展示了一些化合物半导体的示例。

一般来说，制备高质量的化合物半导体晶体较为困难，成本也较高，但它们具有以下传统的锗（Ge）和硅（Si）所不具备的出色特性。

Ⅲ-Ⅴ族	2 元素	GaAs, GaN, GaP, InP, InSb
	3 元素	AlGaAs, InGaAs, InGaP,
	4 元素	AlGaAsP, GaInAsP
Ⅱ-Ⅵ族	2 元素	CdS, ZnSe
Ⅳ-Ⅳ族	2 元素	SiC

图1-21 ● 化合物半导体的示例

（1）高速和高频操作

可以制造出具有高电子迁移率的半导体晶体，即电子在半导体晶体内移动的速度较快。例如，代表性的化合物半导体砷化镓（GaAs）具有约 5 倍于硅的电子迁移率，因此可以被用来制造高速和高频晶体管。

（2）发光现象

半导体具有在施加电压时发光的特性，但并不是所有的半导体都能高效地发光。实际上，硅和锗的发光效率较低。与此相反，化合物半导体中有许多能够高效发光的材料，可以应用于发光二极管（LED）和半导体激光等领域。

（3）高温和高压的耐受能力

像锗和硅等半导体材料不适合高温和高电压的应用。然而，像氮化镓（GaN）等带隙较大的化合物半导体在高温和高电压下具有较强的耐受能力，可用于大功率应用。因此，它们可以作为功率器件的材料。

（4）磁特性

当在物质中传导电流并施加垂直方向的磁场时，会产生一种现象，即在它们之间垂直的方向上会出现电压（霍尔效应）。这种效应可以应用在磁通计和电力计等领域。而且，在化合物半导体中存在这种效应更强烈的材料。因此，可以基于霍尔效应使用化合物半导体，如砷化镓（GaAs）等材料制造用于测量的元件。

半导体之窗

原子的结构

原子由质子和中子组成的"原子核"以及绕核运动的"电子"构成，并且每个元素的电子数量都是固定的。

当查看图 1-9 所示的周期表中的每个元素时，会注意到每个元素的方框左上角都有一个数字。这个数字称为"原子序数"，它表示该元素的电子数量（同时也等于核中质子的数量）。

电子只能在指定的轨道上运动，不能存在于其他地方。这些电子轨道分布在原子核周围的几个层中，被称为"电子壳层"。

这些壳层如图 1-A 所示，从离原子核最近的开始，依次命名为 K 层、L 层、M 层、N 层等（以 K 为起点的字母表命名）。每个壳层中都有一个确定数量的"座位"供电子占据，K 壳有 2 个座位，L 壳有 8 个座位，M 壳有 18 个座位，N 壳有 32 个座位。

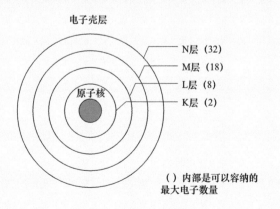

电子壳层

N层（32）
M层（18）
L层（8）
K层（2）

原子核

（）内部是可以容纳的
最大电子数量

图1-A ● 原子的结构

43

电子会按照从内往外的顺序填充座位，当内部的壳层满员时，它们会进入下一个壳层中的空座位。

当电子按照这种方式填充座位时，位于原子最外侧壳层（最外层）的电子扮演着非常重要的角色，因为它们用于与其他原子形成化学键。因此，最外层的电子数量决定了原子的化学性质。换句话说，化学反应涉及最外层电子的相互作用。参与这种反应的最外层电子被称为"价电子"。

虽然图 1-A 只展示了壳层，但实际上在壳层内有多个电子轨道，从内到外分别用符号 s、p、d、f 表示。每个轨道都有其最大容纳电子数（座位数），轨道按壳层分别表示为 1s、2s、2p、3s、3p、3d 等，以此类推。

以本书经常涉及的硅（Si）为例，14 个电子从内部轨道开始，依次填充 K 层的 s 轨道（1s，2 个电子），L 层的 s 轨道（2s，2 个电子）和 p 轨道（2p，6 个电子），以及 M 层的 s 轨道（3s，2 个电子）和 p 轨道（3p，2 个电子）。这可以表示为"$1s^2 2s^2 2p^6 3s^2 3p^2$"。通过这种表示法，可以直观地显示每个原子的电子分布情况。

第 2 章

晶体管是这样制造的

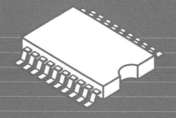

2-1

 发明了晶体管的三位男士

肖克利、巴丁、布拉顿，以及领导他们的凯利的成就

在美国，有一家与通信相关的世界上最大的研究机构，名为"贝尔电话实验室"（BTL：Bell Telephone Laboratories）。这是一个伟大的研究机构，它培养了多位诺贝尔奖获得者。

亚历山大·格拉汉姆·贝尔（Alexander Graham Bell）发明了电话，并成立了名为"美国电话电报公司"（AT&T：American Telephone and Telegraph Company）的电话公司。该公司隶属于贝尔系统，与通信设备制造商"西电公司"（WE：Western Electric）一起，形成了一个庞大的企业集团（见图2-1）。

大约在第二次世界大战前的1935年左右，贝尔电话实验室的电子管研究部门的负责人凯利（M. J. Kelly）考虑应对迅速增长的电话需求，思考着如何建立覆盖全美的电话网络。

当电话的音频信号通过电缆传输时，信号会逐渐衰减变弱，最终听不到声音。因此，在电缆的中途需要安装放大器来恢复信号的强度。这些放大器使用了真空管。要覆盖广阔的美国领土，需要大量的放大器，所使用的真空管数量庞大。

真空管存在几个主要缺点，其中最大的缺点是寿命较短。真空管内部包含一根灯丝，需要用电进行加热，因此一旦灯丝断裂，就

一本书读懂半导体

必须更换整个真空管。这就像家庭中的白炽灯泡一样，长时间使用后，灯丝会断裂从而导致无法使用。

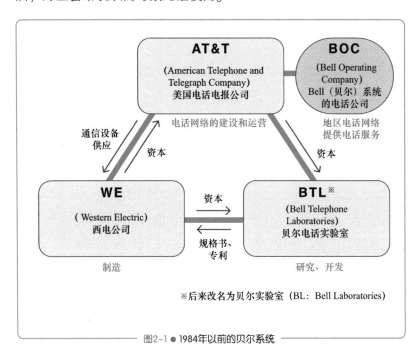

图2-1 ● 1984年以前的贝尔系统

当时的真空管寿命平均约为 3000h（大约 4 个月），即使最长也只有 5000h（大约 7 个月）。这意味着需要每年更换数次真空管。另外，真空管需要消耗相当多的电力来加热灯丝，这也是一个重大缺点。由于需要使用大量的真空管，整体的电力消耗量也相当可观。此外，由于真空管体积较大，大量真空管的储存也会成为问题。

凯利的结论是，要满足美国所需的覆盖全国的高性能电话网络，依靠真空管是无法实现的。

因此，凯利认为必须制造一种完全不同于真空管的全新放大器。具体来说，他设定了一个目标，即：使用半导体来开发一种与真空管类似、具有信号放大功能的器件。

凯利的职位是电子管研究部门的负责人。由于电子管就是指真空管，所以他本来的工作应该是研究和开发高性能的真空管。然而，凯利却对自己负责的真空管的未来失去了信心，坚信真空管时代已经过去，需要新的半导体器件来取而代之。这正是他的远见和伟大之处。

因此，凯利开始寻找适合这项开发工作的研究者。他注意到了刚刚在美国麻省理工学院获得博士学位的肖克利（W. B. Shockley）。1936 年，他将肖克利聘请到贝尔实验室，并任命他为半导体放大器开发的领导者。当时，凯利对肖克利说的话是："忘记真空管，用半导体巧妙地制造放大器，无论需要多少年时间都可以。"他没有多说什么，而是将所有细节交给了肖克利。

然而，尽管进行了多次实验，半导体放大器仍然难以实现，无论怎么努力，都以失败告终。最终，半导体放大器（晶体管）是在第二次世界大战结束后的 1947 年底才得以实现的。从半导体放大器计划启动到实现，历时将近 12 年。

在 1947 年的某一天，肖克利召集了研究伙伴们，召开了一次关于失败原因的自由讨论会。

在会议的成员中，有一位理论物理学家巴丁（J. Bardeen）。他通常很有礼貌，话不多，但这次当肖克利询问是否有建议时，他指出了以下观点："虽然半导体研究取得了相当大的进展，但我们对表面一无所知。然而，我们进行实验的对象几乎与半导体表面有关。因此，为什么不暂时转向研究半导体表面呢？"

事后，肖克利回忆道："那时巴丁的话对我来说是一生中最宝贵的建议。"于是，巴丁提出了一个关于晶体表面的假设，并由擅长实验的布拉顿（W. H. Brattain）进行实验验证。

在 1947 年的 12 月 17 日，巴丁和布拉顿进行了如图 2-2 所示的实验。首先，在 n 型锗晶体薄片上施加了如图 2-2 所示的电压极性。然后，将两根金属针接触到表面，以测量电流的流动情况。

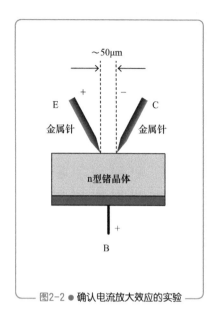

図2-2 ● 确认电流放大效应的实验

在这次实验中，偶然发现，当在左边的针 E 上施加正电压并输入小电流时，右边的针 C 会有大电流通过。换句话说，他们观察到了电流的放大效应。

而且，当输入小信号电流到针 E 时，发现可以从针 C 输出大信号电流。换句话说，他们成功实现了基于半导体晶体材料的放大器。当时，他们并没有试图制造放大器，结果却意外地发生了放大效应。这就是晶体管诞生的开始。

有人说，伟大的发明和伟大的发现通常都是偶然发生的。正如上文所述，晶体管的发明也伴随着偶然。然而，这是执着于制作半导体放大器的结果，也是一种坚持的偶然。对此，肖克利表达了这样的看法："晶体管的发明，放大效应的发现，是在受到非常良好管理的研究过程中偶然发生的事情。"肖克利、巴丁和布拉顿三人（见照片 2-1）因晶体管的发明在 1956 年共同获得了诺贝尔物理学奖。

　　此外，推动晶体管开发的凯利虽然没有亲自参与实验，但如果没有他，晶体管就不可能问世。

一本书读懂半导体

2-2

 晶体管的工作原理

由肖克利发明的结型晶体管

正如前一节所解释的那样，发明了晶体管的是肖克利、巴丁和布拉顿这三人。然而，最初发现放大效应的实验是由巴丁和布拉顿这两人进行的，肖克利当时因事外出，并未在实验现场。

肖克利似乎对此非常遗憾，因此他从第二天开始就闭门不出，仅用短短一个月时间理解了晶体管的工作原理，并进行了总结。此外，他基于这一理论提出了一种与成功的实验不同的结构，称为"结型"晶体管。

肖克利将这一时期的研究成果整理成论文并发表，同时在 1950 年出版了名为《半导体中的电子和空穴》的著作。这本书成为日本半导体研究者和工程师们的重要参考书。

肖克利发明的结型晶体管如图 2-3a 所示，它是一种由 p-n-p 型或 n-p-n 型半导体堆叠而成的结构。与之不同的是，最初确认的晶体管是通过将金属针接触到如图 2-2 所示的半导体晶体构成的，被称为点接触型晶体管。

为了使结型晶体管能够产生足够的放大效应，重要的是如图 2-3b所示，需要使发射区的掺杂浓度远高于集电区和基区。

具体来说，在集电区和基区，掺杂原子的数量应保持在每立方厘米 10^{15} 左右，而在发射区则应增加到每立方厘米 10^{17} 左右，多大约两个数量级。由于锗（Ge）和硅（Si）晶体中的原子数量约为每立方厘米 5×10²²，因此掺杂原子的浓度在集电区和基区约为 1000 万分之 1，而在发射区约为 10 万分之 1。

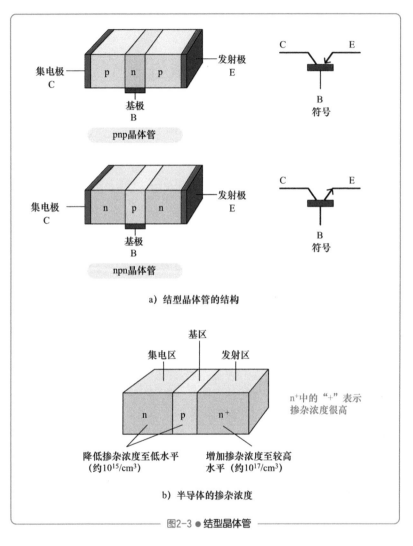

a）结型晶体管的结构

b）半导体的掺杂浓度

图2-3 ● 结型晶体管

这里使用结型晶体管来解释晶体管的工作原理。

图 2-4 展示了 npn 型结型晶体管的工作原理图，中间的 p 型区域为基区（B），两端的 n 型区域分别为集电区（C）和发射区（E）。在这里，将发射区接地（$V_E=0$），并在集电区施加正电压（$V_C\geqslant0$）。

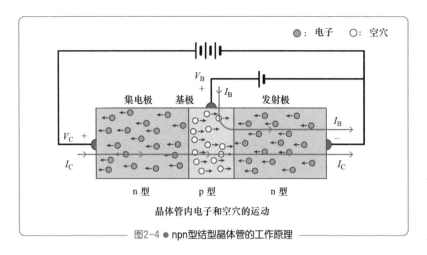

图2-4 ● npn型结型晶体管的工作原理

当在基区施加正电压（V_B，且 $V_C \geqslant V_B \geqslant 0$）时，基区与发射区之间将形成正向偏置，从而导致基区电流（I_B）的流动。换句话说，发射区的 n 型半导体中的多数载流子，即电子，将被基区的正电压吸引并流入基区，从而形成基区电流。

此时，由于基区的宽度非常窄（小于 $50\mu m$），流入基区的大部分电子（例如95%以上）将受到集电区正电压（V_C）的吸引，穿过集电区和基区之间的结面，流入集电区。这形成了集电区电流（I_C）。

此时，从发射区流入基区电子中的一部分将形成基区电流，但这只是极小部分（不超过5%），而大部分电子（95%以上）将流入集电区，形成集电区电流。这就是晶体管原理中最重要的部分。

由于基区电流与集电区电流的比值是恒定的，所以流经晶体管的电流中，5%以下的基区电流将控制剩余95%的集电区电流。换句话说，通过改变基区电流的大小，可以控制集电区电流的大小。这就是晶体管的基本原理。

另一方面，如果不对基区施加电压（$V_B = 0$），则集电区和基区之间将处于反向偏置状态，因此晶体管中不会有电流流过。

晶体管的工作原理可以用电阻表示的等效电路来解释，如图 2-5所示。

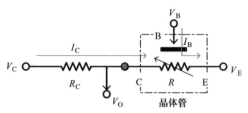

a) 用电阻替代晶体管的等效电路

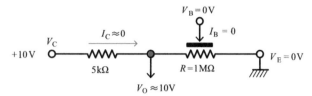

b) 晶体管处于关闭状态

c) 晶体管处于开启状态

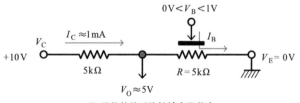

d) 晶体管处于线性放大器状态

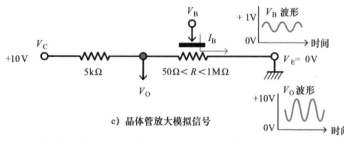

e) 晶体管放大模拟信号

图2-5 ● 用电阻的等效电路表示的晶体管工作原理

将晶体管用可变电阻 R 代替，假设 R 的值会随着基区电压 V_B 的变化而改变，就像图 2-5a 所示。在这里，当不对基区施加电压（$V_B = 0V$）时，R 等于 $1M\Omega$，这是一个非常大的值，因此晶体管中几乎没有电流流过（$I_C \approx 0$）。换句话说，晶体管处于关闭状态（截止状态）。因此，从晶体管的集电极获得的输出电压 V_O 将等于集电区侧的电源电压 V_C，都是 10V，就像图 2-5b 所示。

相反地，如果像图 2-5c 中那样对基区施加电压（$V_B = 1V$），电阻 R 将变为一个小值，例如 50Ω，电流将从集电极流向发射极（$I_C \approx 2mA$），这时晶体管将处于开启状态（导通状态）。因此，输出电压将变为 $V_O \approx 0V$。这样，通过控制施加到基区的电压，晶体管将可以实现开关的功能。

接下来，将像图 2-5d 中那样对基区施加介于图 2-5a 和图 2-5b 之间的电压。这时电阻 R 也会取中间值（例如 $R = 5k\Omega$），I_C 也会取中间值（1mA），V_O 也会取中间值（5V）。在这个区域内，晶体管将作为线性放大器工作。

图 2-5e 以波形的方式呈现了这一过程。当我们将小的电压变化波形作为输入信号加到基区时，将在集电区获得大的电压变化输出信号波形作为 V_O。这意味着它可以作为模拟信号的放大器工作。

这个半导体器件的工作原理如图 2-5 所示，它被命名为"Transfer（传输）＋Resistor（电阻）"的合成词，即"Transistor（晶体管）"。这个命名的创始人是贝尔实验室著名的信息理论学家皮尔斯博士（J. R. Pierce）。

2-3

晶体管的高频化研究

采用扩散技术的台面型晶体管的出现

晶体管的发明引起了企业的关注，他们开始关注晶体管的潜在前景。

在这些公司中，引领晶体管商品化的是成立于 1946 年的日本东京通信工业（通称"东通工"，现为"索尼"）公司。

东通工总裁井深在童年时代是收音机爱好者，后来他注意到了晶体管的潜在前景，并决定用它来制造便携式收音机。

然后，井深成功地与拥有贝尔实验室晶体管专利的 WE 公司签订了许可协议。

然而那个时候，人们认为在收音机中使用晶体管并不现实。因为当时的晶体管只适用于低频应用，无法用于收音机。

因此，"东通工"决定制造世界上首台晶体管收音机，并努力改善晶体管的高频特性。要将晶体管用于收音机，需要在中波（300kHz～3MHz）频率范围内工作。然而，当时的技术只能生产 1MHz 以下的低频晶体管。

要制造高频晶体管，必须将基区层变薄。

晶体中电子和空穴的移动速度并不太快。因此，如果基区较厚，电子和空穴作为载流子穿越基区将需要时间，无法跟随高频信号的瞬时变化。

要工业化生产晶体管，首先需要高纯度半导体材料的制备和单

晶生长技术，其次需要通过掺入杂质元素来形成 npn 或 pnp 结构的
技术。

第一项技术是通过直拉法（参考图 1-6）制备高纯度的锗单晶
来实现的。

另一方面，关于第二项技术，当时制造结型晶体管有两种方
法，分别是"合金型"和"生长型"。

"合金型"晶体管的结构如图 2-6 所示。制造方法是将 13 族
（Ⅲ族）元素铟（In）的小颗粒放在 n 型锗（Ge）的表面，然后加
热至 200℃。随着加热，In 会熔解到 Ge 晶体中，使那一部分变成
p 型。

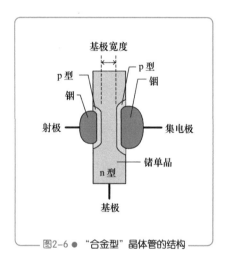

基极宽度

p 型 ———   ——— p 型
铟 ———   ——— 铟

射极   集电极

——— 锗单晶

n 型

基极

图2-6 ● "合金型"晶体管的结构

另一种是"生长型"晶体管，如图 2-7 所示，采用了直拉法。

将含有 15 族（Ⅴ族）元素锑（Sb）的 n 型 Ge 放入坩埚中熔
化，加入单晶籽晶，并慢慢旋转提拉，进行 n 型单晶的生长。

因此，在提拉过程中向仍处于熔融状态的部分掺入 13 族（Ⅲ
族）的镓（Ga）以得到 p 型 Ge，然后掺入 Sb 并继续提拉以得到 n
型 Ge，就可以制作具有 npn 三层结构的单晶。将其切割并添加电
极，就可以制作 npn 晶体管。

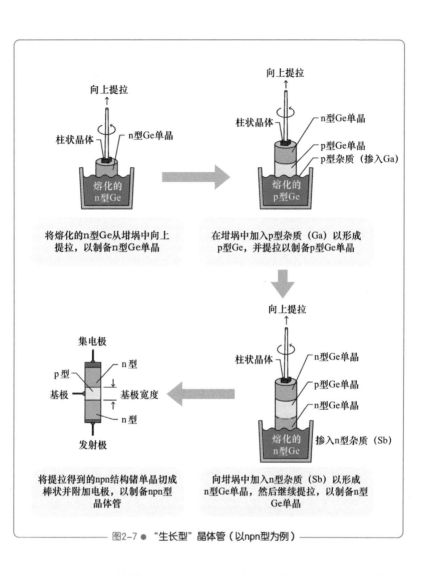

图2-7 ● "生长型" 晶体管（以npn型为例）

"生长型"晶体管通过在直拉法制备晶体的过程中巧妙地控制掺杂的时机，可以将基区变薄，从而制造可以高频工作的晶体管。然而，当时的生产技术存在着良品率低（次品多）的问题。

东通工的工程师们决定挑战适用于高频应用的生长型晶体管制造工艺，以满足收音机的制造需求。

他们对生长型晶体管的制作方法进行了根本性的重新审视，将掺杂物的类型从锑（Sb）改为磷（P），增加了掺入杂质的量，并进行了多次实验。结果，工作频率提高了一个数量级（20～30MHz），而且良品率也大幅提高。

这种晶体管在 1957 年至 1965 年期间生产了约 3000 万个，开创了晶体管收音机的黄金时代。

另外，大约在 1955 年，贝尔实验室开发了一种被称为"台面型"的晶体管。这是一种使用全新扩散法技术的晶体管。

如图 2-8 所示，在高温电炉内，将 p 型的 Ge 晶体片放置在 n 型掺杂物蒸气中。然后，掺杂原子会附着在 Ge 晶体的表面，并逐渐渗透到晶体内部。

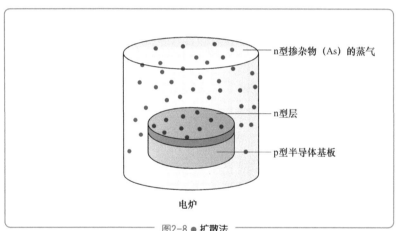

n型掺杂物（As）的蒸气

n型层

p型半导体基板

电炉

图2-8 ● 扩散法

这就是扩散现象，可以通过调整掺杂原子的浓度、温度和处理时间来加以控制，从而在 p 型 Ge 晶体的表面制备大约 $1\mu m$ 厚的 n 型层。将这层薄薄的 n 型层作为基区，可以提高晶体管的高频特性。

将 p 型层以类似的方式扩散到这个 n 型层上，以形成 pnp 的三层结构。然后将最初的 p 型基板作为集电极，薄的 n 型层作为基极，最后制作的 p 型层作为发射极，并添加电极，就可以制造出如图 2-9 所示的 pnp 晶体管。

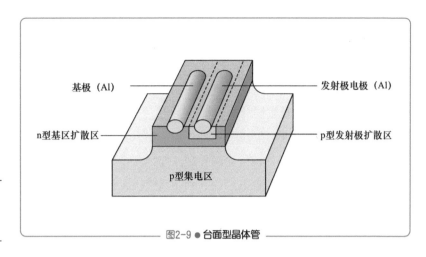

基极（Al）

发射极电极（Al）

n型基区扩散区

p型发射极扩散区

p型集电区

图2-9 ● 台面型晶体管

在这个时候，要制作最后的发射极，需要在基极的 n 型层的一部分区域中扩散 p 型杂质。这种仅在特定区域扩散杂质的过程被称为"选择性扩散"。

如图 2-9 所示的晶体管外形结构是通过刻蚀工艺去除不需要的部分而呈高台形状的。因此，它被称为"台面（Mesa）型"晶体管，因为在西班牙语中，"Mesa"意味着山丘。

台面型晶体管可以将基极宽度减薄到约 $1\mu m$，因此其工作频率又提高了一个数量级，可达数百 MHz。

随着这种台面型晶体管的出现，即使是使用了比收音机高出两个数量级的 100MHz 以上频率电波的电视，也开始了晶体管化的道路。

2-4

主角是硅（Si）晶体管

其特点是能够在高温和高电压下稳定运行

当威廉·肖克利（Shockley）等人在晶体管实验中取得成功时，他们使用的半导体材料是锗（Ge）。这是因为 Ge 的熔点比硅（Si）低（Ge：938℃，Si：1412℃），因此更容易制备高纯度的单晶。20世纪 50 年代初期的晶体管大多数是 Ge 晶体管。

然而，从半导体材料的角度来看，Si 比锗 Ge 更为优越。但在那个时候，尚未获得高纯度的 Si 单晶，因此不能用于制造晶体管。

图 2-10 显示了锗和硅的主要特性比较。

请注意这个表格中的"带隙"一栏，可以看出硅的带隙值大于锗。带隙值大，意味着在半导体单晶中，自由电子或空穴需要更多的能量才能形成。

因此，即使温度升高或施加高电压，也不会产生不必要的载流子。换句话说，如果用于晶体管，它将能更加稳定地运行。

Ge 晶体管在温度超过 70℃ 时无法正常工作，而 Si 晶体管在125℃ 左右也可以正常工作。此外，Si 晶体管可用于更高的电压范围。

然而，从图 2-10 可以看出，Ge 的电子迁移率高于 Si。电子迁移率是衡量晶体内电子移动速度的尺度，迁移率越高，意味着它在高频率下的可用性越高。

因此，对于晶体管的高频应用，Ge 晶体管比 Si 晶体管更具优势。早期的台面型晶体管中，Ge 晶体管的工作频率极限为 500MHz，而 Si 晶体管为 100MHz。

	锗（Ge）	硅（Si）
熔点/℃	938	1412
带隙/eV	0.66	1.12
电子迁移率/$cm^2 \cdot V^{-1} \cdot s^{-1}$	3800	1300
空穴迁移率/$cm^2 \cdot V^{-1} \cdot s^{-1}$	1800	425

图2-10 ● 锗（Ge）和硅（Si）的主要特性比较

另外，比较电子迁移率和空穴迁移率，我们可以看出电子在晶体内的移动速度比空穴要快。因此，以电子作为电流载流子的 npn 晶体管在高频特性上优于以空穴作为载流子的 pnp 晶体管。

在早期使用 Ge 的晶体管中，由于制造简单，生产了许多 pnp 晶体管。然而，随着 Si 晶体管时代的到来，高频特性优越的 npn 晶体管成为主流。

最初期的 Ge 晶体管不太能够耐受高温和高电压，但随着 Si 晶体管的出现，它们也可以用作处理高电压的功率晶体管。

东通工于 1957 年开始开发晶体管电视，此时正是 Si 晶体管刚刚开始出现的时候。

电视使用阴极射线管示波器，所以需要晶体管能够处理用于水平和垂直偏转时的高电压。而且由于工作时环境温度较高，需要具备耐高温特性的晶体管。这种电路需要的正是 Si 晶体管。

因此，索尼（1958 年 1 月东通工更名为索尼）参考了贝尔实验室的资料，推进了 Si 功率晶体管的开发。

功率晶体管开发的一个问题是 Si 晶体管的集电极部分的电阻值太大，因此在传输大电流时会发热（见图 2-11a）。

由于 Si 晶体的集电区部分掺杂浓度不能太高，因此晶体本身的电阻值会增加。为了降低电阻值，如果将集电区部分制作得更薄，那么机械强度将不足；如果增大面积，那么产量将受到影响。而通过改进结构以提高散热效果的处理方式也存在一定的限制。

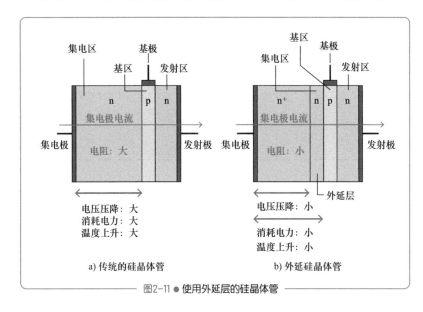

图2-11 ● 使用外延层的硅晶体管

然而，能够进行外延生长的薄膜晶体需要满足基板晶体和晶格常数接近的条件。例如，可以在提高掺杂浓度以降低电阻率的 Si 晶体上，通过外延生长形成掺杂浓度较低（电阻率较高）的 Si 晶体层。尽管它们包含的掺杂原子数量不同，但由于两者都是 Si 晶体，因此晶格常数基本上可视为相同。

考虑到 npn 晶体管的工作原理，从发射区进入的电子通过基区流向集电极，这样才会产生放大效应。

在高频晶体管中，缩短这个时间是很重要的。首先要减小基区的厚度，以确保电子能够在短时间内通过。但仅仅这样是不够的，集电区也同样重要。

在作为集电区的基板较厚的情况下，电子通过集电区所需的时间较长。因此，为了减薄集电区，使用外延层将在基板上制备的薄外延层用作集电区（见图 2-11b）。半导体外延层的形成如图 2-12 所示。

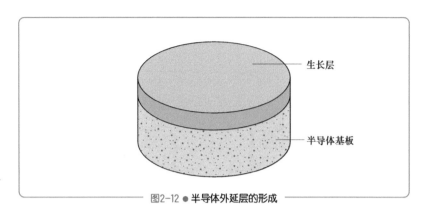

生长层

半导体基板

图2-12 ● 半导体外延层的形成

索尼的工程师们通过使用这一外延技术，成功解决了硅晶体管的发热问题。这意味着在制造晶体管电视时，第二个难题得以解决。据说在这个时候，索尼开发的晶体管表现出了超越贝尔实验室的高性能。

图 2-13 显示的是外延晶片的台面型晶体管剖面图。在硅台面型晶体管的集电区中使用了外延技术。

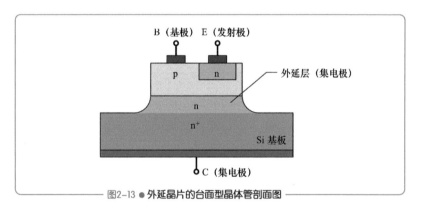

B（基极） E（发射极）

p

n

外延层（集电极）

n

n⁺

Si 基板

C（集电极）

图2-13 ● 外延晶片的台面型晶体管剖面图

在硅晶体管中，通过在基板一侧形成集电区，然后在基板的背面设置电极来提取集电极电流。为了有效地提取集电极电流，基板的电阻应尽量低，因此会使用掺杂浓度很高的基板。

然而，在这种 n⁺ 基板上直接制造晶体管是不可能的。因为当集电区掺杂浓度高时，晶体管无法承受电压。

因此，在高掺杂浓度（低电阻）的基板表面，生长（数十 μm）低掺杂浓度（高电阻）的外延层，用作集电区。然后，在此处创建基区和发射区，以制造晶体管。

这就是外延晶体管。这种外延技术对于第 3 章中所描述的集成电路和大规模集成电路（IC/LSI）的发展至关重要。

2-5

划时代的平面技术

对于 IC 和 LSI 是不可或缺的技术

硅（Si）如果暴露在空气中，会与氧气结合在表面形成氧化膜（SiO$_2$）。由于硅和氧的结合能很大，因此这个氧化膜非常稳定。此外，这个氧化膜是绝缘体，不传导电流。

在贝尔实验室，大约从 1955 年开始，他们注意到这个 Si 氧化膜，并发现它可以用于制作 Si 晶体管时的选择性扩散掩膜。

当查看图 2-9 所示的台面型晶体管结构时，可以看到发射区-基区结区和基区-集电区结区是裸露的。结区暴露在外会导致表面容易受到污染，从而降低性能并容易引起故障。

仙童公司的霍尔尼（J. A. Hoerni）认为，如果将整个芯片表面覆盖上 Si 氧化膜，就可以防止以上问题，并且他开发了一种称为平面型晶体管的 Si 结型晶体管制造方法，如图 2-14 所示。

将 Si 基板作为晶体管的集电区，并用 Si 氧化膜覆盖其表面。然后，将这个氧化膜作为一种只在必要的地方进行杂质扩散的掩膜技术。通过在这个掩膜上开孔，从这些孔中扩散杂质以形成晶体管的不同区域。

通过在晶片上扩散杂质（掺杂）来形成基区和发射区，最后在整个晶片表面覆盖 SiO$_2$ 膜并添加电极，就可以完成晶体管。

这个过程的详细信息将在本章的 2-7 "半导体器件的制造方法（1）" 和 2-8 "半导体器件的制造方法（2）" 中进行说明。

一本书读懂半导体

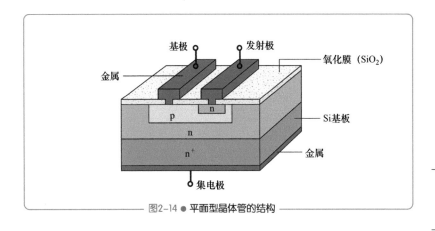

图2-14 ● 平面型晶体管的结构

通过这种方式制造的晶体管如图 2-15 所示，不同于台型的台面型晶体管（图 2-15a），图 2-15b 因其平坦的结构被称为平面型晶体管。

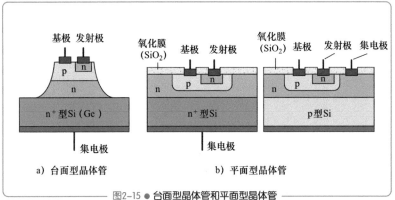

a）台面型晶体管　　　　　　　b）平面型晶体管

图2-15 ● 台面型晶体管和平面型晶体管

在图 2-15b 所示的平面型晶体管中，左侧的图中，集电极是从 Si 基板的底部引出的。然而，近年来许多基板都是 p 型，通常会像右侧的图中一样将集电极从基板的顶部引出。所有电极都位于基板上表面，这在制造后续的集成电路和大规模集成电路（IC 和 LSI）时是非常重要的。

外延平面型晶体管是通过在基板上生长外延层而制成的，它已经被广泛使用。

这项平面技术可以说是半导体历史上具有突破性的技术，其特点是可以在一块基板上同时制造多个晶体管。与合金型和生长型的结型晶体管需要一个个手工制作的情况相比，这是一个显著的区别。

因此，这一制造方法确立了晶体管的大规模生产技术。此外，这种制造方法使得在 Si 表面形成的 pn 结界面部分能够被 SiO_2 膜覆盖。因此，可以防止外部水分和污染物进入，大幅提高了可靠性。

结区可以说是晶体管生命线的重要部分，如果这部分容易发生变化或损坏，晶体管的寿命就会变短。

此外，我们也可以通过使用平面工艺来实现稍后将要讨论的 MOSFET。此外，可以说后来的 IC 和 LSI 离开了平面工艺也无法实现。

这一革命性技术基本上是贝尔实验室发现的延续，但其技术伟大之处和作为专利的重要性是巨大的。仙童公司因此迅速发展，进一步促进了该公司的诺伊斯（R. N. Noyce）发明了集成电路（请参考 3-4）。

2-6

现在作为主角的晶体管是 MOSFET

它是当前用于 IC 和 LSI 等领域的主要技术

正如 2-2 所述，最早实用化的晶体管是结型晶体管，它与早期的点接触型晶体管一起被称为双极型晶体管。

与此相对应的是场效应晶体管（FET：Field Effect Transistor），它是一种 MOSFET（金属氧化物半导体场效应晶体管），其结构由金属-氧化膜-半导体组成。

图 2-16 展示了 MOSFET 的结构。MOSFET 被制造在 p 型硅基板的表面附近。

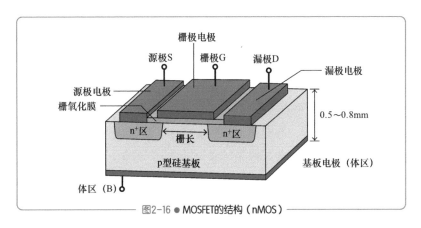

图2-16 ● MOSFET的结构（nMOS）

其中有三个端子，中央是栅极（G），栅极的左边和右边分别是源极（S）和漏极（D）。栅区是 p 型，源区和漏区是 n 型。

栅区位于源区和漏区之间，在栅区的硅基板表面上形成薄的硅氧化膜，再在其上加上金属电极。然而，现代 MOSFET 的栅区通常不再使用金属，而是经过高度掺杂以降低电阻的多晶硅来制造。

基板（体区，B）上也连接有电极，通常与源极相连，或连接到低电压的电源。此外，这个"体区"有时也被称为"背栅"或"衬底"。

图 2-17 解释了 MOSFET 的工作原理。如图 2-17a 所示，p 型硅基板的多数载流子是空穴，但也存在少数电子作为少数载流子。而在源区和漏区的 n 型硅部分，多数载流子是电子。

在这里，我们像图 2-17b 所示一样，给漏极加正电压，同时给源极和栅极加负电压。此时，漏极和源极之间有一层 p 型半导体，这个 pn 结处于反向偏置状态。因此，电子无法从源极流向漏极，电流不会流动。换句话说，MOSFET 处于关闭（OFF）状态。

接下来，就像图 2-17c 所示一样，让我们考虑一下，如果给栅极施加正电压会发生什么。

如果在栅极上施加正电压，栅极下方的 p 型半导体内的空穴会受到正电荷之间的库仑排斥力作用，向晶体内部移动。

晶体内的少数载流子电子会受到正电荷的吸引，然后移动到栅区的晶体表面。然而，由于在栅极和晶体之间存在绝缘体（SiO_2膜），电子会停留在晶体表面附近。

此外，随着栅极电压的进一步升高，这一现象会变得更加明显，被吸引的电子会导致位于栅电极正下方的 p 型半导体反转为 n 型。

由于这个结果，在栅极下方新形成的 n 型区域连接了源区和漏区的 n 型半导体，形成了电子通道（沟道），如图 2-17d 所示。

通过这种方式，电子可以从源极移动到漏极，电流从漏极流向源极。换句话说，MOSFET 变为开启（ON）状态。

在图 2-17c 中，如果栅极电压太低，则无法在栅极下方有效地积累足够多的电子，因此漏极电流不会流动。当将栅极电压增加到一定值以上时，积聚的电子数量将会迅速增加，漏极电流开始流动。

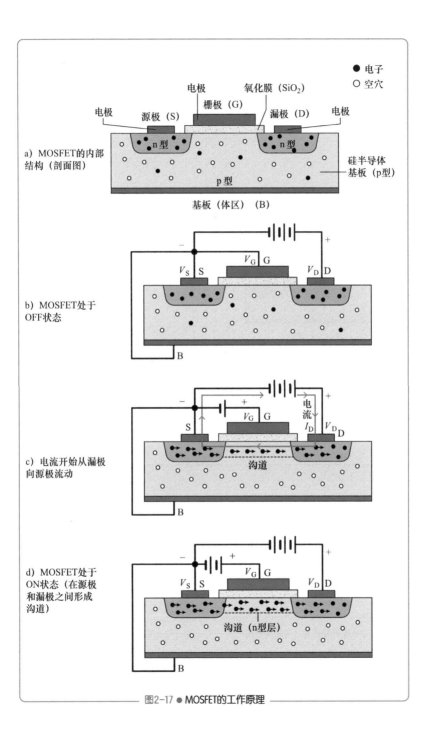

● 电子
○ 空穴

电极　柵极（G）　氧化膜（SiO₂）
电极　源极（S）　　　　　　　漏极（D）　电极

a）MOSFET的内部
　结构（剖面图）

n型　　　　　　n型

硅半导体
基板（p型）

p型

基板（体区）（B）

V_S S　　　V_G G　　　V_D D

b）MOSFET处于
　OFF状态

B

V_G G　　　电流
　　　　　　　I_D V_D D

c）电流开始从漏极
　向源极流动

沟道

B

V_G G

V_S S　　　　　　　V_D D

d）MOSFET处于
　ON状态（在源极
　和漏极之间形成
　沟道）

沟道（n型层）

B

图2-17 ● MOSFET的工作原理

当漏极电流开始流动时，所需的栅极电压值称为"阈值电压（V_{th}）"（见图2-18）。如果将 MOSFET 作为开关元件使用，如图2-19所示，可以通过将栅极电压 V_G 设置高于或低于此电压（V_{th}）来控制 MOSFET 的开启和关闭。

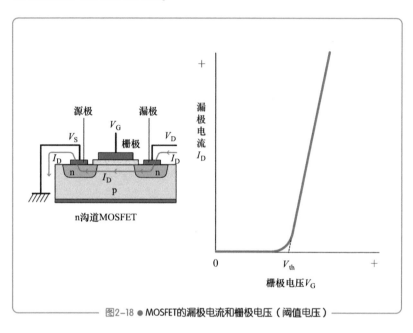

图2-18 ● MOSFET的漏极电流和栅极电压（阈值电压）

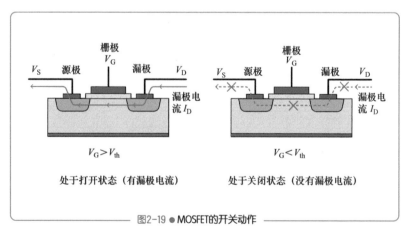

图2-19 ● MOSFET的开关动作

如图 2-17d 所示，新形成的沟道深度会根据栅极电压 V_G 的大小而改变。如果增加栅极电压，沟道会变得更深，从漏极流向源极的电流将增加。

在这种状态下，如图 2-18 所示，漏极电流 I_D 的大小与栅极电压 V_G 的大小成比例变化。由于轻微的栅极电压变化会导致大幅度的漏极电流变化，因此 MOSFET 可以用作模拟信号放大器。

在图 2-4 中描述的是结型晶体管，它通过在基极（B）和发射极（E）之间流动的电流来控制集电极（C）电流。

相比之下，MOSFET 通过在栅极（G）和源极（S）之间施加电压来控制漏极（D）电流。由于存在 SiO_2 膜，仅仅对栅极施加电压而没有电流流动。因此，其特点之一是功耗较低。

MOSFET 的三个端子分别命名为源极（S：Source）、栅极（G：Gate）和漏极（D：Drain），与结型晶体管的命名方式不同。

这是源自对 MOSFET 的工作原理与水闸控制水流的类比。

如图 2-20 所示，可以将 MOSFET 比作从水源（源极）流向排水沟（漏极）的水路（沟道）中存在的水闸（栅极）的结构。

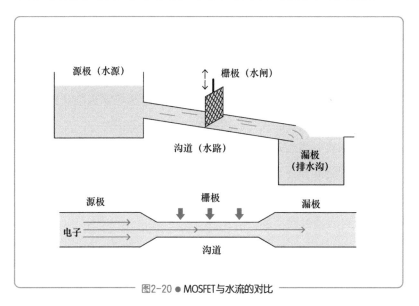

图2-20 ● MOSFET与水流的对比

如果关闭水闸，水将停止流动（关态），如果打开水闸，水将自由流动（开态）。这类似于 MOSFET 中载流子的流动。

如图 2-17 所示的 MOSFET 结构，由于在栅极正下方形成的沟道是 n 型的，因此被称为 n 沟道 MOSFET，或简称为 nMOS。

通过将 Si 基板改变为 n 型，并反转其他部分的 n 型和 p 型，可以转换载流子的类型（电子和空穴），从而形成具有相似功能的 MOSFET 结构。由于沟道变成了 p 型，因此称为 p 沟道 MOSFET，或简称为 pMOS。

MOSFET 可以采用 nMOS 或 pMOS 中的任一结构制造。但需要注意的是，nMOS 在栅极电压为正时处于开态，而 pMOS 在栅极电压为负时处于开态。此外，由于电子的迁移率大于空穴的迁移率，因此在高频应用方面，nMOS 更有优势。

此外，如果仔细观察图 2-16 和图 2-17，可以注意到栅极两侧源极和漏极的结构是相同的，它们对称排列，没有明确规定哪一个是漏极，哪一个是源极。决定这一点的是电压。

在 nMOS 中，电压较低的一方成为源极，而在 pMOS 中，电压较高的一方成为源极。这意味着在电路的不同工作状态下，源极和漏极可以交换位置。而在双极型晶体管中，发射极和集电极的结构不同，不能互换（尽管在互换后可能依然能工作，但会影响性能）。MOSFET 的特点在于其结构对称，可以进行源极和漏极的交换。

MOSFET 的电路符号有几种类型，如图 2-21 所示。

首先，有一些表示为 4 个端子的，如图 2-21a 或图 2-21b 的符号，也有省略 B 端子的，如图 2-21c 或图 2-21d 的符号。

请注意，图 2-21a、b、c 中的箭头方向是相反的。另外，nMOS 和 pMOS 可以通过箭头的方向来区分。

图 2-21c 对于熟悉双极型晶体管电路的人来说，有一个容易理解的优点，因为它与 npn 和 pnp 晶体管的对应关系更加相似。

省略了箭头，而在 pMOS 的栅极前加上一个"。"以进行区分的是图 2-21d 的符号。在图 2-21c 中，带有箭头的是源极，但在

图 2-21d 中，没有区分源极和漏极。

如果进一步对 nMOS 和 pMOS 也不进行区分，就会变成图 2-21e 的符号。

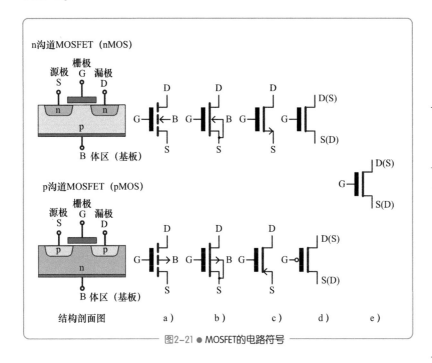

图2-21 ● MOSFET的电路符号

半导体器件的制造方法（1）

在半导体基板上精确绘制电路图案的技术

平面型晶体管等半导体器件是通过在 Si 晶体基板的必要位置进行杂质扩散，以及添加绝缘体或金属膜的技术组合制成的。

这个"必要的位置"非常重要。随着集成电路（IC）和大规模集成电路（LSI）的发展，元件变得越来越小，"必要的位置"也随之变得越来越小。而且"必要的位置"很多，它们可能与前一步骤的位置相同，也可能相对位移一定距离，因此位置的准确关系也非常重要。

用于确定这个位置的方法是光刻技术。具体来说，通过光刻技术在覆盖硅表面的氧化膜（SiO_2 膜）上开孔形成窗口，然后通过这些窗口将杂质扩散到硅晶体中。因此，准确绘制窗口的形状并确保其位于准确的位置是非常重要的。

光刻技术是一种利用照相技术在半导体基板上刻入元件和电路图案的技术，它在制造集成电路和大规模集成电路时至关重要。让我们在图 2-22 中详细解释这个步骤。

a）在硅基板上制备 SiO_2 膜。可以通过在含有水蒸气的氧气环境中进行加热，进行热氧化等方法来实现。

b）在 SiO_2 膜上均匀涂覆光刻胶，然后加热以形成固化的薄膜。

c）准备类似底片的掩膜版（光刻版）。通过掩膜版对 SiO_2 膜上需要开孔区域的光刻胶进行曝光。

一本书读懂半导体

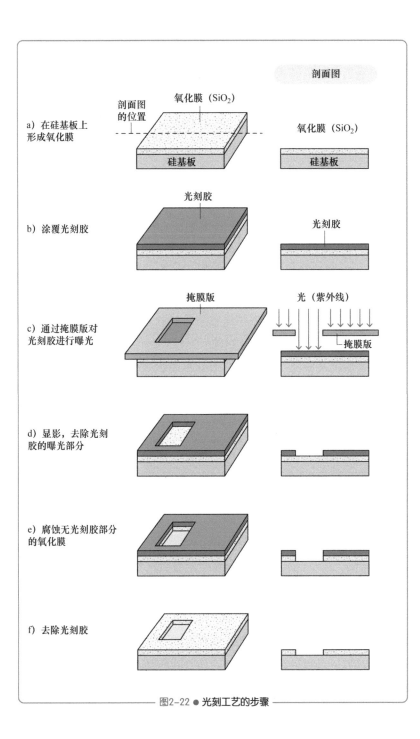

剖面图

a) 在硅基板上形成氧化膜

氧化膜（SiO₂）

剖面图的位置

氧化膜（SiO₂）

硅基板

硅基板

b) 涂覆光刻胶

光刻胶

光刻胶

c) 通过掩膜版对光刻胶进行曝光

掩膜版

光（紫外线）

掩膜版

d) 显影，去除光刻胶的曝光部分

e) 腐蚀无光刻胶部分的氧化膜

f) 去除光刻胶

图2-22 ● 光刻工艺的步骤

d）曝光后光刻胶的分子结构会发生改变。然后，将其浸泡在特定的溶剂中，只有发生结构改变的部分会溶解消失（显影）。结果，光刻胶层中会形成窗口，从而暴露出其下的 SiO_2 膜。

e）为了在 SiO_2 膜上开孔，使用氢氟酸（氟化氢（HF）的水溶液）溶解 SiO_2。光刻胶树脂和硅都不会被氢氟酸溶解，因此只有暴露的 SiO_2 膜会被溶解消失。

f）最后，使用溶剂去除光刻胶。然后，覆盖在 Si 基板上的 SiO_2 膜中，只有需要的部分才会形成窗口，露出 Si 晶体。这样，就可以只在必要的区域进行杂质扩散。

图 2-22 展示了以上步骤。制造一个晶体管时，需要多次将掩膜版对准 Si 基板进行曝光，然后重复在 SiO_2 膜上开孔并扩散杂质的操作。然而，由于可以使用掩膜版来复制图案，因此制造一个和制造一百个的工作量没有太大区别。

随着时代的进步，掩膜版的图案变得更加复杂和微小化，必须重复进行约数十次的 a）~f）的步骤。在这个过程中，确保将掩膜版精确对准 Si 基板上的指定位置非常重要。

因此，出现了被称为"步进式光刻机"（缩小投影曝光装置）的设备。

步进式光刻机的结构如图 2-23 所示，它将来自高压汞灯或激光器的光照射到掩膜版上。

然后，通过投影镜头将掩膜版上绘制的图案模式缩小至 1/5 到 1/4 的比例，对样品台上的晶圆表面涂覆的光刻胶进行曝光。

一片晶圆通常会被分割成大约 20mm 见方的数十个"shot"（曝光区域）。每个"shot"就是进行一次曝光的区域。

"步进式光刻机"在一片晶圆上完成一次曝光后，立即将样品台移动到下一个曝光区域的位置，再次进行曝光。在此过程中，需要精确的位置对准和叠加，精度要求在 nm 的级别。此外，高级的曝光设备可以在曝光过程中同时移动光源和样品台，因此需要更精密的操作。这种曝光设备称为 "扫描式光刻机"。

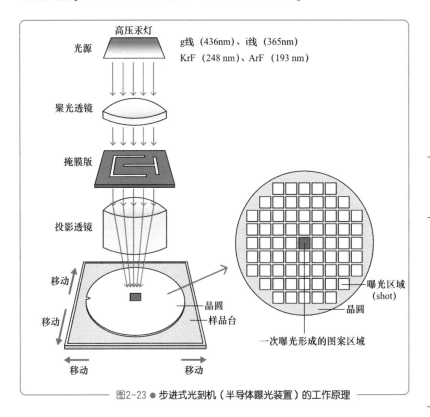

图2-23 ● 步进式光刻机（半导体曝光装置）的工作原理

光刻中使用的光波长也是一个重要因素。当霍尔尼（Hoerni）在 1959 年左右首次应用光刻技术发明平面型晶体管时，加工尺寸为 20~30μm。即使在制造第一款 LSI 存储器（1970 年左右）时，线宽也大约为 10μm。

到了 2020 年，最小线宽已经变得非常细，约为 5nm（0.005μm）。为了精确形成窄线宽图形，需要缩短用于曝光的光源波长。

最初阶段，超高压汞灯被用作光源，使用了 g 线（波长 436nm）和紫外线 i 线（365nm）。随着微缩技术的发展，需要更短波长的光，因此逐渐过渡到氟化氪（KrF）准分子激光（波长 248nm）和氟化氩（ArF）准分子激光（波长 193nm）。

另外，作为波长更短的光源，已经开发了 EUV 光（波长13.5nm）。这些先进的曝光设备非常昂贵，据说一台的价格高达数百亿日元。

为了进行微细加工，掩膜版的制备需要使用能够控制光的相位的精密技术，费用也高达数亿日元一张。

半导体尖端工艺涉及人类制造的最细微的结构。为了实现这样的结构，需要先进的技术和大量的资金。

2-8

半导体器件的制造方法（2）

通过扩散杂质来制造晶体管

接下来，我们将详细解释如何使用光刻技术制备的 SiO₂ 窗口，将杂质扩散到特定位置，从而制造晶体管。我们将以 npn 型外延平面型晶体管为例，结合图 2-24 进行说明。

图 2-24 中的步骤被称为选择性扩散法。这是一种选择性地在表面的氧化膜上开孔，从而只在特定位置扩散杂质的方法。

g) 对应于图 2-22 中的 f) 步骤，在用作集电极的 n 型外延层表面形成 SiO₂ 膜，并在氧化膜上开孔以制备基区。

h) 为了使基区成为 p 型，将含有硼（B）等Ⅲ族元素的气体通入，并通过 SiO₂ 膜窗口将其扩散到 Si 基板的外延层中。

SiO₂ 膜不允许杂质元素通过，因此将其用作掩膜，只有窗口部分下的 Si 才会变成 p 型。通过准确控制扩散的温度和时间，可以精确控制杂质的扩散深度，而不会扩散到整个 Si 中。

i) 当 h) 步骤的扩散完成后，再次用 SiO₂ 膜覆盖表面。

j) 为了进行第二次扩散以制备发射区，需要重复图 2-22 中的光刻工艺步骤。在 i) 步骤中制备的基区上的氧化膜中开孔形成掩膜窗口，而这些窗口的位置必须正确地与基区对准。

k) 通过这些窗口，像 h) 步骤中一样扩散磷（P）等Ⅴ族元素到 p 型基区中，形成 n 型发射区。

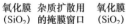

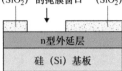

g）在硅基板表面的氧化膜上
开孔，以用于杂质扩散（对应
于图2-22f）

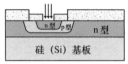

k）通过氧化膜窗口
扩散n型杂质

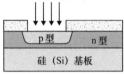

h）通过氧化膜窗口扩散p型杂质

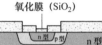

l）再次氧化表面从而形成氧化膜

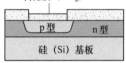

i）再次氧化表面从而形成氧化膜

m）在表面的氧化膜上开孔，
用于电极蒸镀（对应于图2-22f）

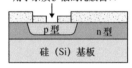

j）在表面的氧化膜上开孔，用于
杂质扩散（对应于图2-22f）

n）通过氧化膜窗口蒸镀金属

图2-24 ● 使用选择性扩散法制造晶体管

在制备发射区时，需要精确控制温度和时间，以使基区变薄，并确保发射区不会穿透基区。

l）当 k）步骤的扩散完成后，再次用 SiO_2 膜覆盖表面。

m）再次重复图 2-22 中的光刻工艺步骤，以在 l）步骤制备的 SiO_2 膜表面开孔，用于制作电极。

n）通过 m）步骤中的掩膜窗口蒸镀铝等金属，形成基极、发射极和集电极，从而完成晶体管的制造。

金属电极的蒸镀采用真空蒸镀法（见图 2-25），即在真空容器内加热金属，将金属蒸气蒸发到基板上，以形成金属薄膜。

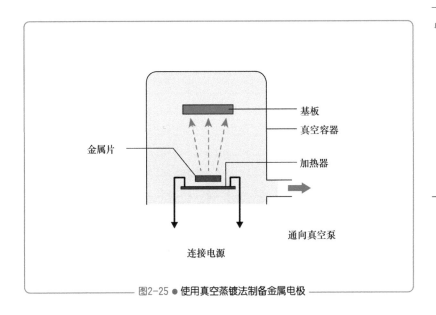

图2-25 ● 使用真空蒸镀法制备金属电极

近年来，通过在硅基板或金属上施加电压，以改善膜的均匀性和质量的溅射法也被广泛使用。

这个过程中重要的一点是，要保留用作扩散掩膜的 SiO_2 膜，而非去除它。如果将 Si 等半导体材料的表面暴露在空气中，关键的晶体管结区将与大气中的氧气、水蒸气等发生反应，导致晶体管的特性发生变化，从而降低可靠性。

此外，该晶体管的结构是具有平坦表面的平面型（请参阅
2-5）。平面型的特点是，只需在掩膜版上开孔，就可以同时制造所
需位置和所需数量的晶体管。这是后续 IC 和 LSI 制造所必需的重
要技术。

在图 2-24 中，我们只展示了双极晶体管的制备过程，但对于
MOSFET，也完全可以采用相同的方法制造。

然而区别是，制造双极晶体管时通常利用热扩散来控制掺杂剂
量，而制造 MOSFET 时则需要更精确地控制微量的掺杂剂量，因此
通常使用离子注入法，以进行更高精度的掺杂。

离子注入法的概况如图 2-26 所示。这是一种将磷（P）、砷
（As）、硼（B）等杂质在真空中离子化，然后在高电场下加速并注
入半导体基板的方法。

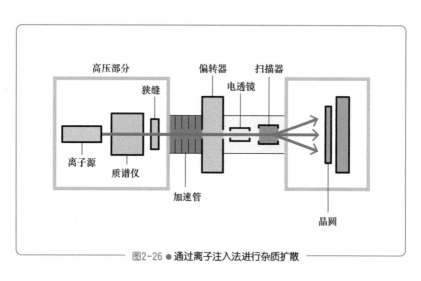

图2-26 ● 通过离子注入法进行杂质扩散

被注入的杂质深度由加速电压决定，杂质浓度由离子束的电流
和电压决定，因此可以精确控制掺杂剂量。

隧道二极管的发明

正如 2-4 所述，大约在 1957 年，东通工（现在的索尼）致力于改善晶体管的高频特性，以制造世界上第一台晶体管收音机。

在这个过程中，工程师们发现向晶体管的发射区部分掺入高浓度的磷（P）会改善高频特性。然而，采用这种方法制造晶体管会导致大量次品的产生。问题出在对发射区进行浓度很高的 n 型掺杂后形成的 pn 结上。

为了解决这个问题，当时从事 pn 结研究的研究员江崎玲於奈参与了研究。他试图在不断提高掺杂浓度的条件下进行实验，以查明最多可以进行多大剂量的掺杂。

晶体管的掺杂浓度在集电区和基区部分约为千万分之一（与 Si 原子数量相比），但在发射区部分掺杂浓度较高，约为十万分之一。

当进一步提高发射极的掺杂浓度至万分之一、千分之一时，pn 结二极管的电流-电压特性出现了负阻特性。

一般的电阻，在增加电压时电流也会增加。而电压升高时电流减小的特性被称为负阻特性。

实际上，如图 2-A 所示，当横轴的电压在 70~400mV 的范围内时，电压升高会导致电流下降。值得一提的是，通常的二极管呈现虚线所示的特性，在这个范围内电流几乎不流动。

在这种范围内即使有电流流动，也由于量子力学的隧穿效应导致的。

也就是说，当掺杂浓度较高的半导体形成 pn 结时，会使得结区的电子势垒变得很薄，因此即使电压较低，电子也能像穿过

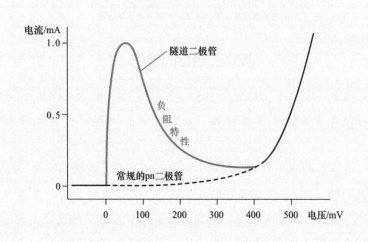

图2-A ● 隧道二极管的电流-电压特性

隧道一样穿越这个薄势垒。

　　"隧道二极管"这个名称就是由此而来的。通常的pn结二极管在电压低于300mV的区域几乎不导电，但隧道二极管却能在这个区域导电，就是由于这个原因。

　　当进一步增加电压时，从n型区域流向p型区域的电子能量状态会变得与普通二极管相似，负阻特性将消失。

　　对于江崎的这一发现，最初日本国内的反应并不乐观。

　　然而，次年（1958年），江崎的论文发表在国际知名的学术期刊"Physical Review"上，评价随之发生了巨大改变。而且，同年6月在比利时布鲁塞尔举行的一次学术会议上，著名物理学家肖克利也对这篇论文给予了高度评价。这一切使得江崎的研究一夜之间备受认可。随着隧道二极管的名声大噪，甚至以发明者的名字命名为"江崎二极管"。

　　当时，美国的研究人员正在寻找用于提高计算机处理速度的高速开关元件。这是晶体管还无法实现高速操作的时代。

　　由于量子力学效应，隧道二极管具有极快的响应速度，被视为一种突破性的元件，全世界都对其潜力寄予厚望。然而，尽管一度备受瞩目，隧道二极管最终并没有迎来广泛的应用，逐渐淡出了人们的视野。

最主要的原因是晶体管技术的进步。晶体管的极限频率大幅提高，不再需要隧道二极管来实现高速操作。

发明隧道二极管的江崎因为首次证实了固体（半导体）中的量子隧穿效应而获得了 1973 年的诺贝尔物理学奖。

第 **3** 章

用于计算的半导体

3-1

模拟半导体和数字半导体

进行计算的是数字半导体

本章将解释"用于计算的半导体"是如何工作的。为了做到这一点，首先需要理解模拟和数字之间的区别。

当讨论模拟和数字时，往往会涉及如图 3-1 所示的时钟和波形等话题。这些解释并不是错误的，但并非本质。

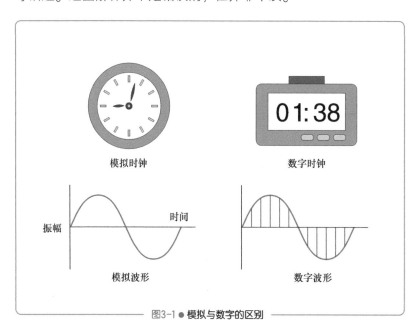

模拟时钟

数字时钟

时间

振幅

模拟波形

数字波形

图3-1 ● 模拟与数字的区别

这里所说的数字的本质是"计算机可以理解的东西"。如图 3-1

所示的数字时钟是由"01:38"这个"数字"表示的，因此可以输入到计算机进行处理。

另一方面，计算机是无法理解模拟时钟指示的时间的。但是，如果将模拟时钟的数据使用数码相机拍摄并转换为数字图像，计算机可以分析该图像，并能够识别时间。这个数字图像当然是数字的。

而且在计算机中进行计算的组件是半导体器件。换句话说，半导体能理解的就是所谓的"数字"，也就是数字数据。

然而，半导体处理的数字与我们使用的数字略有不同。半导体只能识别0和1。因此，与人类使用的十进制不同，半导体使用二进制。

二进制如图3-2所示，是由0和1组成的数字表示法。二进制中的1与十进制中的1相同。然而，在二进制中没有数字2，所以十进制中的2在二进制中会进位，表示为10。

十进制	0	1	2	3	4	5	6	7	8	9	10
二进制	0	1	10	11	100	101	110	111	1000	1001	1010

256（十进制）　　　　→ 100000000（二进制）

1024（十进制）　　　→ 10000000000（二进制）

65536（十进制）　　　→ 10000000000000000（二进制）

———————————— 图3-2 ● 二进制表示法 ————————————

在半导体存储器的容量等方面，经常会出现像256、1024、65536等对我们来说看起来奇怪的数字。如果考虑到这些数字在半导体处理的二进制中是整数，就可以理解了。

然而，无论是十进制还是二进制，都是用于表示数字的，这一点不会改变。半导体可以像人类使用十进制一样对二进制进行处理。

图3-3中显示的是采用二进制来计算十进制的2+3和3×3的示

例。可以发现其计算过程与十进制相似。此外，由于二进制中也可以定义小数，因此用十进制表示的数字也都可以在二进制中表示。

10+11（2+3）的计算　　　　　　　11×11（3×3）的计算

$$\begin{array}{r} 10(2) \\ +\quad 11(3) \\ \hline 101(5) \end{array}$$

$$\begin{array}{r} 11(3) \\ \times\quad 11(3) \\ \hline 11(3) \\ 11\ (6) \\ \hline 1001(9) \end{array}$$

注：括号中的数字表示十进制值

图3-3 ● 使用二进制计算的示例

可以说半导体能够理解任何数字。这里所说的半导体能够理解的“数字”就是数字数据。

为了在计算机中处理信息，也就是“进行计算”，半导体需要具备两种技术。一种是具备处理 0 和 1 的数字电路功能的半导体器件技术，另一种是这种半导体器件的批量生产技术。

从下一节开始，我们将首先解释处理 0 和 1 的半导体器件技术。

3-2

结合了 nMOS 和 pMOS 的 CMOS

在数字处理中不可或缺的电路

互补金属氧化物半导体（CMOS）是处理数字信息的基本元件。

CMOS 具有低功耗、出色的小型化能力，以及容易实现高度集成的特点。因此，它是处理数字信息的半导体中不可或缺的部分，对于现代集成电路（IC）和大规模集成电路（LSI）等数字处理应用至关重要。

MOSFET 有两种类型，分别是 nMOS 和 pMOS。将 nMOS 和 pMOS 组合在同一基板上的电路称为 CMOS。CMOS 中的 C 代表"Complementary"，意为"互补的"。

图 3-4 展示了 CMOS 电路。正如图中所示，CMOS 是将 pMOS 和 nMOS 串联连接的结构。图中的左边和右边只是采用的 MOSFET 符号不同，但实际上是相同的元件。

pMOS 和 nMOS 的栅极是共同连接的，它们都受到相同的输入电压 V_{IN} 的作用。此外，pMOS 和 nMOS 的漏极相互连接，并从那里得到输出电压 V_{OUT}。

正如前面在 2-6 中所解释的那样，对于相同的栅极电压，pMOS 和 nMOS 将执行相反的操作。换句话说，当栅极电压为正时，nMOS 会处于导通状态，而 pMOS 会处于关断状态。

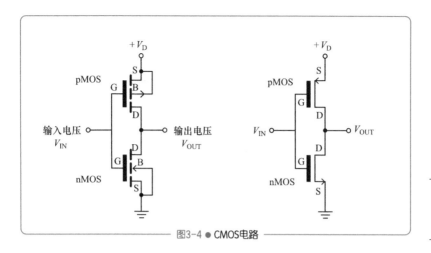

图3-4 ● CMOS电路

也就是说，如图 3-5 所示，当输入的栅极电压为正时，pMOS 开关将处于关闭状态。另一方面，nMOS 开关此时处于开启状态，输出端连接到 0V 的接地端。因此，输出电压几乎为 0V。

反过来，当将栅极电压降至 0V 左右时，nMOS 将关闭。与此同时，pMOS 将打开，输出电压将变为电源电压 V_D。

换句话说，CMOS 电路是一种反相器电路，当输入为高电平（V_D）时，输出为低电平（0V）；当输入为低电平时，输出为高电平。在数字电路中，反相器电路主要作为反转开态和关态的元件来使用。

要在 LSI 中制造这种 CMOS 电路，需要在同一半导体基板上制造 nMOS 和 pMOS 这两种互补的 MOSFET。

图 3-6 显示了 CMOS 的结构。要制造 CMOS，首先在 p 型硅基板上制造 nMOS。然后为了制造 pMOS，需要采用先在 p 型硅基板上形成 n 型阱区（Well），再在其中制作 pMOS 的方法。

此外，反相器电路也可以只用 nMOS 来构建。图 3-7 展示了这种构造的示例。

在这个图中，输入电压 V_{IN} 将成为 nMOS 的栅极电压 V_G。如果栅极电压低于阈值电压（V_{th}），nMOS 将关闭，没有漏极电流 I_D 流动，因此输出电压 V_{OUT} 将等于电源电压 V_D。

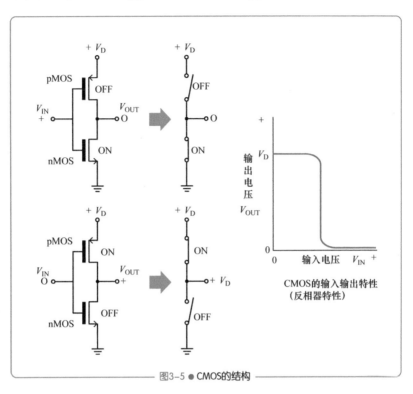

CMOS的输入输出特性
（反相器特性）

图3-5 ● CMOS的结构

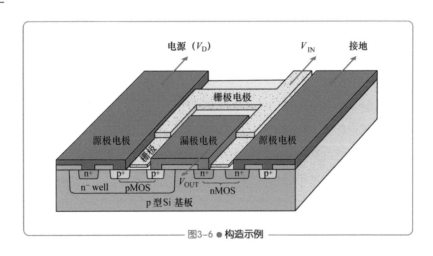

图3-6 ● 构造示例

另一方面，当栅极电压 V_G 超过阈值电压（V_{th}）时，开始有漏极电流流动。当栅极电压达到 V_{G1} 时，nMOS 进入饱和状态，不再有漏极电流流动。换句话说，它完全处于开启状态。在这种情况下，输出电压将接近 0V。

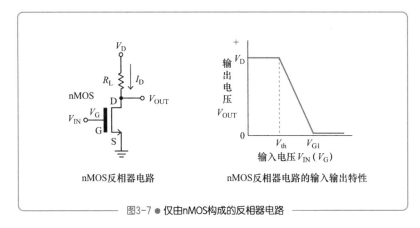

nMOS反相器电路　　　nMOS反相器电路的输入输出特性

图3-7 ● 仅由nMOS构成的反相器电路

在栅极电压处于 V_{th} 和 V_{G1} 之间的区域，栅极电压和漏极电流成比例增加，因此它可以作为对模拟信号的线性放大器运作。

这个 nMOS 反相器电路在晶体管处于开启状态时始终有电流流过，因此它具有较高的功耗，这是它的缺点。

与之相比，CMOS 电路在处于开启或关闭状态时都不会有电流流动，因此功耗接近于零。在使用大量电路的数字电路 LSI 中，低功耗是非常有利的。

然而直到 20 世纪 70 年代，CMOS 电路有着运行速度较慢的缺点。因此，在需要高速操作的计算机相关领域中，高速的 nMOS 反相器电路占主导地位。造成 CMOS 电路速度较慢的原因在于必须在同一基板上制造两种不同类型的 MOSFET（即 nMOS 和 pMOS），并且无法同时优化它们。如图 3-6 所示的 CMOS 电路剖面图中，p 型硅基板和 n 型阱区的掺杂浓度不能独立调整，这导致了电路的速度较慢。

为了克服这一缺点，日立公司于 1978 年开发出了如图 3-8 所示的双阱结构 CMOS 电路。它在硅基板上创建了 p 型阱区和 n 型阱区，并通过优化阱区的掺杂浓度实现了高速运行。

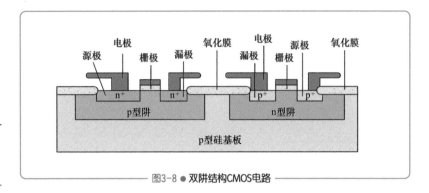

图3-8 ● 双阱结构CMOS电路

　　随着这些研究的进展，CMOS 电路实现了与 nMOS 电路一样的高速操作。目前 CMOS 已经完全成为主流技术，几乎所有的数字电路都采用了它。

CMOS 电路的计算原理

只使用 **0** 和 **1** 即可进行复杂的计算

　　我们已经知道可以通过 CMOS 电路反转高电平（1）和低电平（0）。半导体可以使用这些 0 和 1 进行更复杂的计算。

　　其数学基础就是被称为布尔代数的数学领域。布尔代数是一种处理只有 0 和 1 这两个值的数学，而半导体电路就是利用这个原理来进行计算的。

　　以下是布尔代数的基本运算，如图 3-9 所示。这里展示了三种基本运算：逻辑非（NOT）、逻辑与（AND）和逻辑或（OR）。在布尔代数中，这些表达式中的变量 A 和 B 只能取 0 或 1 的值。例如，如果 A = 1，那么 $\overline{A}$ = 0，如果 A = 1 且 B = 0，那么 A · B = 0 且 A+B = 1。

逻辑非（NOT）	$\overline{A}$	⟶ 如果A为1，则结果为0，如果A为0，则结果为1
逻辑与 (AND)	A · B	⟶ 当A和B都等于1时，结果为1，否则为0
逻辑或（OR）	A+B	⟶ 当A和B都等于0时，结果为0，否则为1

图3-9 ● 布尔代数的基本运算

　　布尔代数的操作可以在 CMOS 电路中实现。

　　首先，图 3-10 显示了逻辑非在 CMOS 电路中的实现方式。这就是前面介绍的反相器电路本身。

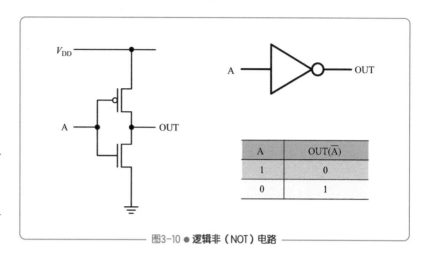

图3-10 ● 逻辑非（NOT）电路

接下来，图 3-11 显示了逻辑与电路。在这种情况下，有两个输入端 A 和 B，以及一个输出端 OUT。通过构建如图所示的 MOSFET 电路，可以进行逻辑与的计算。

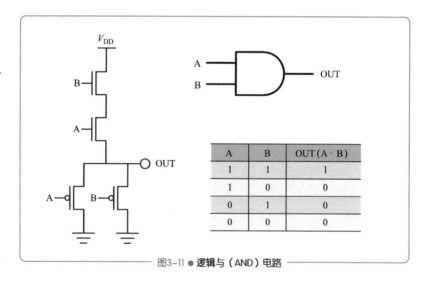

图3-11 ● 逻辑与（AND）电路

图 3-12 是一个逻辑或电路的图示。在这种情况下，需要使用 6 个 MOSFET，与逻辑非或逻辑与相比，所需的 MOSFET 数量较多。

然而，通过创建这种电路，可以实现逻辑或的计算。

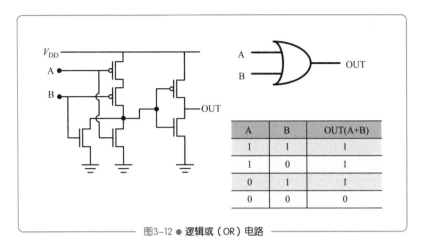

A	B	OUT(A+B)
1	1	1
1	0	1
0	1	1
0	0	0

图3-12 ● 逻辑或（OR）电路

这些是布尔代数中最基本的运算。然而，即使是复杂的"多输入多输出运算"，也可以通过组合 CMOS 电路来实现。

此外，可以使用 AND、OR 和 NOT 来设计执行二进制加法的电路。考虑如图 3-13 所示的输入 A 和 B，输出 C 和 D 的运算。如图所示，这个运算确实表示了二进制加法的表达式"A+B=CD"。

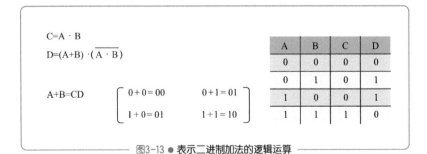

$C = A \cdot B$
$D = (A+B) \cdot (\overline{A \cdot B})$

$A+B=CD$
$\begin{bmatrix} 0+0 = 00 & 0+1 = 01 \\ 1+0 = 01 & 1+1 = 10 \end{bmatrix}$

A	B	C	D
0	0	0	0
0	1	0	1
1	0	0	1
1	1	1	0

图3-13 ● 表示二进制加法的逻辑运算

表示二进制加法的电路示例如图 3-14 所示。如果我们将 A 设为 1，B 设为 1，那么可以看到确实得到了期望的输出 C = 1 和 D = 0。

半导体技术的发展推动了现代计算机的惊人进步。比如人工智能和图像识别等领域，似乎已经可以实现与人类媲美的高级处理能力。

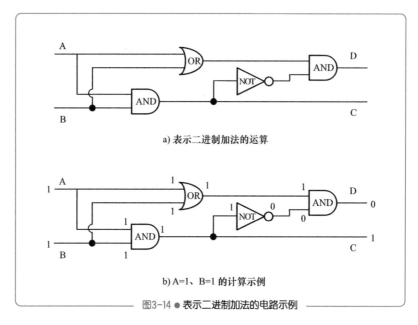

a) 表示二进制加法的运算

b) A=1、B=1 的计算示例

图3-14 ● 表示二进制加法的电路示例

　　然而，计算机运算的根本原理仍然仅限于处理 0 和 1 的布尔代数。复杂的控制是通过大量且高速地执行这种简单处理来实现的。这个原理自计算机问世以来已经存在了大约 50 年，而且在可预见的将来不会改变。

3-4

IC 和 LSI 的定义

在同一半导体基板上制造电子电路

晶体管最初是以取代真空管的形式使用的。它与电阻、电容等元件一起安装在印制电路板上，并通过焊接连接。

然而，如果增加元件数量，成本会上升，而随着部件的增加，故障率也会增加，从而降低了可靠性。

因此，如图 3-15 所示，在一个硅芯片上制造了多个晶体管、MOSFET、电阻、电容等元件，并通过元件之间的线路连接实现所需的电子电路。这就是 IC（Integrated Circuit：集成电路）的概念。

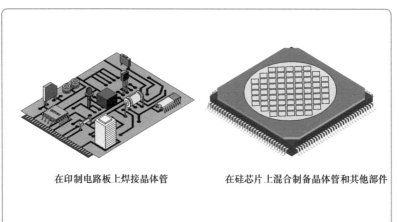

在印制电路板上焊接晶体管　　　　　在硅芯片上混合制备晶体管和其他部件

图3-15 ● 从印制电路板到集成电路

如 2-7 中所述，芯片是通过光刻工艺形成的，因此，在同一个掩膜内制造一个还是制造 100 个，成本和工作量都是一样的。而且，通过缩小芯片上元件的尺寸，能够增加一个芯片上可以集成的元件数量。

然后，集成电路（IC）逐步演化为大规模集成电路（LSI），再进一步发展为超大规模集成电路（VLSI）。虽然没有明确的定义，但通常情况下，LSI 每个芯片上搭载了 1000 个以上的元件，而 VLSI 每个芯片上搭载了 10 万个以上的元件。

如上一节所述，特别是在创建数字电路时，需要将许多 CMOS 元件紧密集成在一起。这种高度集成化推动了半导体技术的迅速发展，扩展了其潜力。

电子电路的集成化除了数字电路的集成化之外，还具有重要的优点。

其中一个优点是随着尺寸的减小而降低的功耗。集成度增加时，电路的布线变得更短，电力消耗减少，可以节省能源。并且由于不会产生过多的热量，还有延长设备寿命的效果。

此外，布线也进行了一体化制造，减少了由于导线连接引起的不稳定性，提高了可靠性。而在印制电路板上进行元件的焊接连接时，连接部分经常会发生故障。

发明集成电路的是德州仪器（TI）公司的基尔比（J. S. Kilby），他于 1959 年 2 月提交了图 3-16 中的专利申请。

这是著名的基尔比专利，它描述了在同一半导体晶体基板上使用相同的工艺来制造晶体管、二极管、电阻、电容、布线等的技术。这项技术的突破之处在于，它在硅半导体芯片上实现了构成电路的所有元件。

基尔比设计并制作的集成电路（IC）从今天的视角来看可能显得幼稚，但在同一芯片上集成晶体管、二极管、电阻、电容等元件，并构建 IC 的概念作为专利得到了保护。因此，后来的半导体制造商在很大程度上饱受煎熬。

一本书读懂半导体

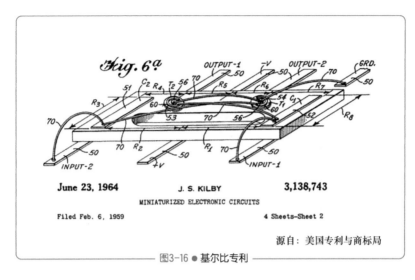

图3-16 ● 基尔比专利

　　将基尔比的思想发展至实用水平的是基于平面晶体管技术的硅平面集成电路（IC）技术。这是由仙童（Fairchild）公司的诺伊斯（Noyce）提出的，并于 1959 年 7 月提交了类似于图 3-17 的专利申请。

　　基尔比的专利描述了一种在同一基板上排列多个元件的电子电路，也就是集成电路（IC），但其中一个问题是如何实现元件与元件之间的电学隔离。诺伊斯提出的硅平面集成电路技术通过在硅基板上使用绝缘膜（如 SiO_2）将元件之间隔离，实现了多个元件的布局。然后，通过绝缘层上的芯片布线进行连接。这项技术提高了生产效率和可靠性，为集成电路（IC）的高度集成铺平了道路，成为今天 LSI 技术的核心。

　　后来，德州仪器公司和仙童公司因 IC 的专利问题发生争议，这场纠纷持续了整整 10 年，最终的结论是，基尔比的专利和诺伊斯的专利都被认为是有效的。

　　诺伊斯的专利中提出的平面方式不仅涉及布线方法，还提出了有关元件分离方法的实际建议。而基尔比的专利在完成度方面可能还有一些不足，但他在世界上首次提出了集成电路（IC）的概念，这点很有价值。

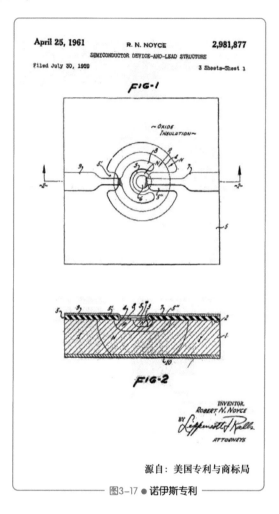

源自：美国专利与商标局

图3-17 ● 诺伊斯专利

3-5

微处理器（MPU）

诞生于日本的计算器制造商的创意

计算机的构成如图 3-18 所示，其中 CPU（中央处理器）起着核心角色。CPU 可视为计算机的大脑，由算术逻辑单元和控制单元组成。算术逻辑单元可以执行各种计算任务，也就是根据数据进行计算。

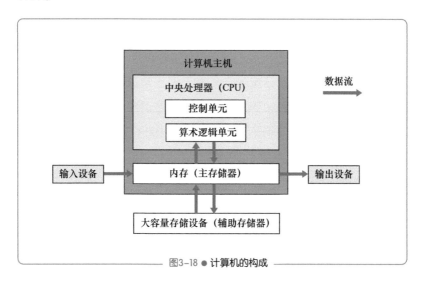

图3-18 ● 计算机的构成

另一方面，控制单元负责解读指令并将其发送给算术逻辑单元，同时控制计算机内部的数据流动。换句话说，它负责从存储在内存的程序中读取数据并将计算结果返回内存，或是接收来自输入设备和存储设备的数据，并将其发送到输出设备（如显示器）等。

在没有 LSI 的时代，计算机体积庞大，特别是执行复杂操作的 CPU 使用了大量的晶体管，并通过铜线连接各个分立部件。如果看到机架的背面，会发现电线布线像蜘蛛网一样复杂，反映出当时工程师们的艰辛努力。晶体管的散热问题也很难解决。

现代的 CPU 已经集成到一个小型的 LSI 芯片中，因此被称为微处理器（MPU），在日语中也被称为"微控制器"等，可以将其想象为小型计算机。

此外，CPU 和 MPU 并没有明确的区分，因此在本书中将它们视为相同的东西也没有问题。

MPU 不仅在计算机中使用，而且在世界各地的各个领域都有应用。例如，MPU 在空调中也执行着复杂操作，如读取当前室温数据并控制风速和加热器的温度。几乎所有类似的用于控制的设备都使用了 MPU。

在现代社会中，可以说几乎所有的电子产品都离不开微处理器，如果没有它，大部分电子产品将无法正常运作。此外，汽车和机械等也存在电控部分，因此也使用了微处理器。现代的汽车更是高度的电子化，据说每辆车上使用了多达 100 个微处理器。

MPU 的诞生可以追溯到 20 世纪 60 年代后期，当时日本的计算器制造商 Busicom 公司将这个概念引入美国的英特尔公司，从而诞生了微处理器。

这个时期，许多制造商开始在计算器业务上投入力量。然而，计算器的开发需要为不同型号专门设计和制造复杂的集成电路（IC）。

而且，每 2 到 3 年就会有新型号计算器推出，因此，Busicom 公司的工程师们认为，是否可以仅通过更改内存内容来制造不同的计算器。

Busicom 公司当时考虑的基本思路是，不是为每种不同型号的计算器单独设计电路，而是尝试将每台计算器的指令集等程序存储在只读存储器（ROM）中，并通过软件进行适配。他们尝试将这个想法告诉给了美国的英特尔公司，看是否可以实现。

当时的英特尔是一家专门从事存储器的半导体公司，幸运的是，参与谈判的是计算机架构的专家，他理解了计算器的结构，并产生了微处理器（MPU）的构想。

然后英特尔提出了将其设计为 4 位（bit）二进制运算器的建议，于是世界上第一个微处理器 4004 诞生了。

这时的 MPU 是为计算器设计的，因此处理的数据仅限于数字（0~9 的数字），所以 4 位已足够。然而，英特尔意识到 MPU 的通用性，于次年推出了 8 位的 MPU（8008）。通过将位数增加到 8 位，设计了除计算器的计算功能外，还具备文字数据处理功能的处理器。这个 8008 经过改进后于 1974 年发布为 8080，成为世界上第一台个人计算机 Altair 的 MPU。而在 1978 年推出的 8086 则是首款 16 位 MPU，也被用于日本制造的 NEC 9801 系列个人计算机中。

之后，第一款 32 位 MPU，80836 DX 于 1985 年推出。进入 20 世纪 90 年代后，奔腾系列开始出现，1993 年出现的奔腾 80586 能够支持 Windows 95。

当购买一台个人计算机时，可能会看到一些标有"内置英特尔芯片"的标志，这表示该计算机使用了英特尔生产的 MPU（微处理器）。

这些 MPU 的核心由许多晶体管组成。单个 MOSFET 只能担任开关的角色，但通过复杂地组合它们，可以执行各种计算并控制外围设备。随着组合在一起的晶体管数量的增加，MPU 的功能和处理能力也会提高。

图 3-19 显示了英特尔制造的 MPU 中晶体管数量的演变。最早

的 MPU 是在 1971 年发布的 4004，它有 2300 个晶体管，但在 40 年后的 2011 年，至强（Xeon）E7 有 26 亿个晶体管，增加了 100 万倍。这一演化支撑了近年来 IT 领域的发展。

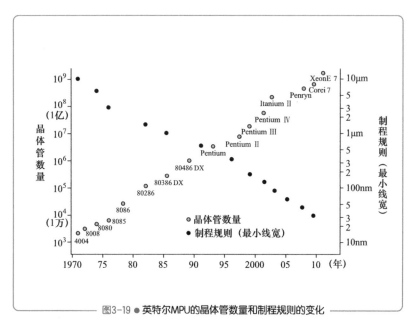

图3-19 ● 英特尔MPU的晶体管数量和制程规则的变化

　　要增加芯片上的晶体管数量，通常会考虑增加芯片的面积，但增加芯片面积会增加成本，因此通常不希望将其扩大。

　　4004 芯片的大小为 $12mm^2$（$3mm \times 4mm$）。然而，至强（Xeon）E7 的晶体管数量增加了 100 万倍以上，芯片面积却只有 $513mm^2$，仅增加了 43 倍。要在不增加芯片大小的情况下大量集成晶体管，需要减小晶体管的尺寸。为此，需要缩小电路图形的线宽。

　　实际上，4004 的线宽为 $10\mu m$，而至强 E7 的线宽为 32nm，是前者的 1/300。这种线宽（制程规则）的趋势也在图 3-19 中显示出来。

　　换句话说，MPU 的进步可以说是晶体管微缩化的历史。如果将晶体管做得更小，就可以集成更多的晶体管，从而提高 MPU 的功能。而且不仅如此，元件越小，电子移动的距离就越短，这也意味着更高的运行速度。这有许多好处。

实际上，4004 的工作频率未达到 1MHz，但至强 E7 的工作频率超过了 2GHz，速度提高了 2000 多倍。现代 MPU 能够处理音频、图像、照片、视频、密码等大量信息的原因就在于这种技术上的进步。

摩尔定律

半导体微缩化会延续到何种程度?

在 1965 年，作为英特尔创始人之一的摩尔（Moore）研究了过去五年内单块集成电路芯片上的晶体管数量变化规律，发现其数量每年翻倍。于是，他发表了一篇预测文章，认为这种趋势将继续下去。

这就是著名的"摩尔定律"。摩尔在发表这篇文章时，每块芯片上的集成度约为 64 个元件，但他预测到了 10 年后的 1975 年，可以集成 65000 个元件。

图 3-20 显示了动态随机存取存储器（DRAM）每个芯片上晶体管数量的变化。确实，在摩尔发现这个"定律"的时候（1965 年），晶体管数量每年增加了 2 倍的速度。然而，随后的增长速度在接近每两年翻一番。因此，摩尔自己也对其进行了调整，改为"两年（24 个月）翻一番"的说法。

此外，要在不增加芯片尺寸的情况下增加芯片上的元件数量，就需要减小单个元件的尺寸。这需要减小电路中的线宽。

图 3-20 显示了制程规则的微缩趋势，在 1970 年制造的第一个 1kb DRAM 中，线宽为 $10\mu m$，而现在已经缩小到不到 20nm。

同样，从图 3-19 可以看出，MPU 的晶体管数量也遵循了摩尔定律的增长趋势。

摩尔定律虽然没有理论基础，但在接下来的 40 年里，实际上每个芯片上可以集成的晶体管数量都在按照这个"定律"逐渐增

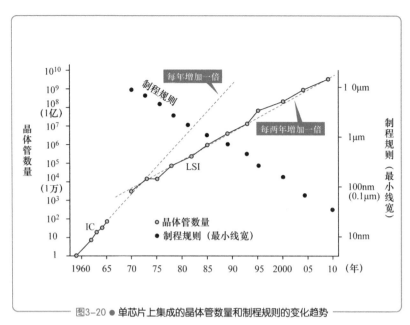

图3-20 ● 单芯片上集成的晶体管数量和制程规则的变化趋势

加,成为半导体技术和业务的重要指导方针。

　　然而,最近有人说摩尔定律已接近极限。原因是制程规则(线宽)的微细化已接近极限。

　　截至 2020 年,已经商品化的最小制程为 5nm,这个尺寸只有硅晶体的晶格常数(约 0.5nm)的 10 倍。半导体器件是由晶体制成的,因此线宽尺寸微缩到晶格常数的大小是不可能的。

　　如图 3-21 所示,与较小的物体相比,半导体器件的尺寸最初只有细菌的尺寸,但现在已经缩小到了病毒和 DNA 的尺寸。

　　在使用光刻技术形成电路图形时,也存在着光的波长限制。此外,在推进微缩化的过程中,出现了元件性能偏差增大、栅极氧化膜过薄导致漏电流增大等问题,还有一些技术虽然可行,但成本过高而无法实际应用,存在各种各样的阻碍因素。

　　然而,虽然大约自 2000 年以来一直存在对摩尔定律极限的担忧,但每次都发生技术突破,使摩尔定律得以实现。

　　例如,使用高介电常数(High-k)绝缘材料在保持氧化层厚度不变的情况下增加栅极电容的技术，使用低介电常数（Low-k）绝缘薄膜技术来减少导线电容的技术，施加应力于沟道区，以提高有效电子迁移率的技术，使用相移掩膜以曝光尺寸小于波长的微细图案的技术，以及在液体中曝光，以缩短有效光波长的技术等，各种各样的新技术突破驱动着微缩化的推进。

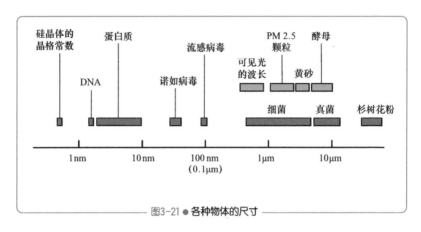

图3-21 ● **各种物体的尺寸**

近年来，特别值得注意的创新是在 16nm 制程引入的 FinFET（鳍式场效应晶体管）技术。如图 3-22 所示，这种技术通过将传统的平面型 MOSFET 变成三维结构，实现了微缩化。

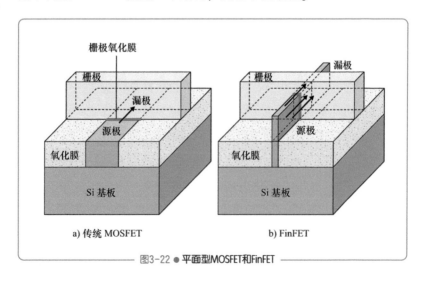

图3-22 ● **平面型MOSFET和FinFET**

然而，随着微缩化逐渐接近硅晶格常数，要进一步提高集成度将面临更大的技术难题。不过，可以看到克服这些难题的技术也开始逐渐显露。摩尔定律究竟还能持续多久？技术人员与物理极限的战斗仍在继续。

3-7

系统 LSI 的制作方法

如何设计大规模的半导体？

接下来将会说明如何设计这种大规模的系统 LSI。

图 3-23 显示了系统 LSI 的设计流程。

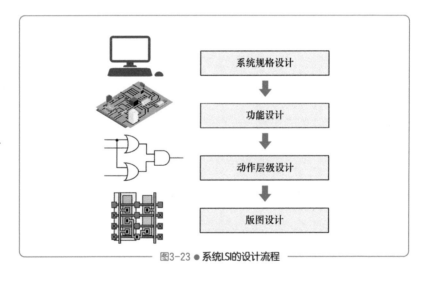

图3-23 ● 系统LSI的设计流程

大致而言，首先设计系统的规格，然后考虑符合这些规格所需要的功能（部件）。之后在动作层级上进行逻辑设计，最后将这些数据转换为版图数据，也就是可以转移到晶圆上的掩膜图形数据。

系统 LSI 的上游设计与构建计算机系统的方法相似，因为它只是一个系统。在最上游的系统规格设计阶段，我们会考虑该系统需

一本书读懂半导体

要什么，需要具备什么功能和能力。

下一步是功能设计。这是根据系统规格设计所要求的技术规格，逐步确定所需的组成部分。例如，需要 256MB 的 DRAM，需要 USB 接口，需要图像处理功能等，将所需的功能逐步分解开来。

这个时候，通常会在各种 LSI 中重复使用常见的功能，比如用于控制 DRAM 的 DRAM 控制器，以便简化设计。因此，为了能够重复使用，这些功能通常被整理到称为 IP（Intellectual Property）的设计数据中。在实际的功能设计中，通常会从现有的 IP 中选择所需的部分。

此外，还存在设计 IP 并将其销售给其他公司，或者反过来从其他公司购买 IP 的情况，IP 也在商业上拥有广阔的市场。

接下来是动作层级设计。在这个阶段，我们会实际构建逻辑电路。

在图 3-24 中，以被称为"半加器"的逻辑电路为例，展示了设计的方法。

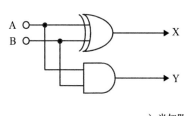

A (输入)	B (输入)	X (输出)	Y (输出)
0	0	0	0
1	0	1	0
0	1	1	0
1	1	0	1

a）半加器的运行逻辑

```
module half_adder_test (A , B , X , Y );
    input A, B;
    output X, Y;
    xor (X, A, B);
    and (Y, A, B);
endmodule
```

b）RTL（Verilog HDL）代码

图3-24 ● 半加器的RTL代码示例

直到 1990 年左右，数字电路的设计还是直接处理逻辑电路。然而，从 1990 年左右开始，使用被称为 RTL（寄存器传输级别）的描述来进行设计变得普遍。

将 RTL 的示例显示在图 3-24b 中。从图中可以看出，这是一种接近计算机编程语言的形式。对这段 RTL 代码进行被称为"逻辑合成"的处理后，可以获得逻辑电路。

引入了 RTL 后，相对于直接处理逻辑电路，现在更容易设计大规模的电路。提到半导体设计时，许多人可能会联想到连接电路图，但数字电路设计更类似于编程工作。

然后，进行逻辑电路的模拟，确认所期望的操作是否能够实现，再进入下一步的版图设计。

此外，LSI 在产品完成后的测试阶段非常重要。缩短测试时间直接关系到成本削减。因此，在设计时需要确保电路能够有效地进行测试。通常也会集成专用于测试的电路。

最后，将该逻辑电路的数据落实到使用实际 MOSFET 的电路中，然后进行版图设计。这旨在生成用于半导体制造的掩膜数据。

一个 LSI 中搭载的 MOSFET 数量可能从数千万个到数亿个不等。要手动正确地连接这么多的元件是不可能的，因此在这里需要依赖计算机工具。

考虑到像图 3-25 所示的芯片规划，粗略考虑了各个模块的布局之后，就可以使用自动布线工具来生成实际的布局。

然后，对获得的数据进行模拟，以验证是否能够实现期望的操作。这种模拟需要正确考虑 MOSFET 的电学特性，以及导线的寄生电阻和寄生电容。需要准备器件模型，如 SPICE（Simulation Program with Integrated Circuit Emphasis），以及考虑元件的性能偏差等，是涉及许多技术要点的部分。

在此验证完成后，设计数据，也就是光刻掩膜的数据完成，可以开始制造过程了。

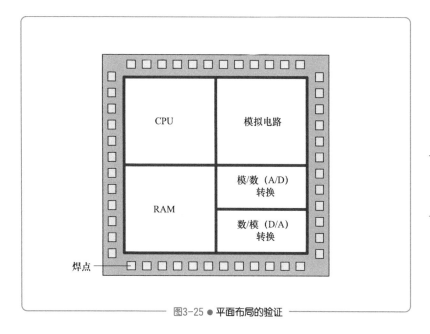

图3-25 ● 平面布局的验证

　　虽然我们已经介绍了整个流程，但在每个阶段中，半导体设计软件的重要性都变得显而易见。准确地进行模拟和转换当然很重要，而且运行速度也至关重要。LSI 的设计数据非常庞大，验证和转换时间长达 10 天的情况也不罕见。缩短这段时间可以缩短设计周期。

　　用于半导体设计的软件被称为 EDA（Electronic Design Automation），价格非常昂贵。

名为"英特尔（Intel）"的公司

发明了晶体管的肖克利最终离开了贝尔实验室。1956 年，他在美国加利福尼亚州帕洛阿尔托创立了肖克利半导体公司。

在这个时候，肖克利试图邀请贝尔实验室的研究员加入，但了解他性格的前同事们没有人愿意参与。因此，肖克利不得不从外部聚集了许多优秀的人才。其中包括后来创办了英特尔并变得著名的摩尔（G. E. Moore）和诺伊斯（R. N. Noyce）。

然而，新公司成立仅一年半后的 1957 年夏季，包括摩尔和诺伊斯在内的 8 名优秀员工表示无法再继续忍受肖克利的行事方式，他们离开了肖克利半导体公司，并新创立了仙童半导体公司。据说肖克利称他们为"八叛徒"并加以指责。

仙童半导体、英特尔等许多公司聚集在以帕洛阿尔托和其南部的圣何塞为中心的区域，该区域后来被称为硅谷（见图 3-A）。

最终，肖克利在商业上失败了。然而，肖克利半导体公司的成立将优秀的人才聚集到美国西海岸的一个地区，为推动半导体研发提供了契机。考虑到这对之后的半导体发展产生了深远影响，可以说肖克利的公司具有重要意义。

仙童半导体通过平面技术和基于此的集成电路技术，业绩取得了迅猛的增长，但这种增长并没有持续下去，到了 20 世纪 60 年代后期，公司进入了下滑期并陷入亏损。仙童半导体不仅在经营决策上犯了错误，还在内部组织方面遇到了问题。厌倦了这一情况的诺伊斯决定离开公司，创办自己的新公司。

摩尔、格鲁夫也与诺伊斯一同离开仙童半导体，由这三人于 1968 年创立了英特尔。英特尔（Intel）的名字缩写来自于"集成电子"（Integrated Electronics）。

图3-A ● 硅谷

（地图中文字）
旧金山
阿拉米达
圣莱安德罗
旧金山湾
海沃德
圣布鲁诺
联合城
圣马特奥
弗里蒙特
红木城
半月湾
帕洛阿尔托
米尔皮塔斯
斯坦福大学
山景城
库比蒂诺
圣何塞
坎贝尔
硅谷

英特尔至今仍然以微处理器（MPU）的顶级制造商而闻名。在风起云涌的硅谷半导体产业中，能够保持超过50年的顶尖地位，可以说是奇迹。而英特尔一直依靠着两个产品来支撑其地位。

第一个是动态随机存取存储器（DRAM）。英特尔的创始人之一的摩尔在仙童半导体工作期间就一直在推进硅栅MOS工艺的研究。基于他成功开发出的硅栅工艺制备的DRAM成为英特尔最初的主力产品。

在创业的第二年，即1970年，英特尔成功研发出世界上第一款DRAM（1Kb），它成为一款热门产品，带来了巨大的利润，随后英特尔将DRAM作为主要产品，在接下来的十年中业绩大幅增长。

第二个产品是MPU（微处理器单元）。正是MPU将如今的英特尔推向了世界一流半导体制造商的地位。英特尔涉足MPU的契机正如3-5中所述，是由于日本的Busicom公司提出的一次完全偶然的机会。

Busicom 公司提出的是关于计算器用 LSI 的开发，但将这一提案与 MPU 相结合应归功于当时的英特尔工程师泰德·霍夫。

　　英特尔凭借 DRAM 成为全球最大的半导体制造公司，但到了 20 世纪 70 年代末，以日本制造商为主的竞争对手开始迎头赶上。然后在 1984 年底，英特尔不得不退出 DRAM 业务。

　　在那个时候，英特尔的幸运之处在于其还拥有另一项技术，即 MPU。从 20 世纪 80 年代开始，MPU 成为英特尔的主要产品，并一直支撑至今。如果没有 MPU 的发明，也许英特尔会难以作为半导体制造商延续至今。

第 **4** 章

用于存储的半导体

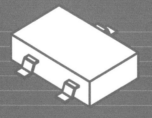

各种类型的半导体存储器

包括只读存储器（ROM）和随机存储器（RAM）

半导体是一种可以"思考"的元件。我们在第 3 章中已经讨论了它是通过什么方法实现的。但要像人类一样思考，仅仅像第 3 章中讨论的半导体一样处理数字信息，仍然是不够的。

要像人类一样思考某件事物，必须对信息进行"记录"。人类也是根据记忆中的信息来进行思考的。

在这一章中，我们将介绍存储半导体，也就是"存储器"。

正如第 3 章所述，"思考"的半导体在数字世界中运作。因此，存储的信息也需要被数字化，半导体存储器被设计成可以存储信息的"1"或"0"。这个信息的单位被称为 1bit（位、位元、比特）。

这种半导体存储器由许多存储单元（存储元件）组成，并且通常会同时使用多个存储单元。8 个 1bit 组合在一起形成 1B（Byte，字节）。当这样的 1 字节组合达到 $1×10^6$ 个（1 百万个）时，就形成 1MB（Mega Byte，兆字节）。而当再聚集 1000 个 1MB 时，就成为 1GB（Giga Byte，千兆字节）。换句话说，1GB 等于 $8×10^9$ 个存储单元组合在一起。

从半导体存储器的信息写入和读取功能来看，可以如图 4-1 所示进行分类。

- ● RAM（随机存取存储器）▶ 用于读取和写入的存储器，易失性
  - ↳ SRAM（静态随机存取存储器）
  - ↳ DRAM（动态随机存取存储器）

- ● ROM（只读存储器）▶ 只用于读取的存储器，非易失性
  - ↳ Mask ROM（掩模只读存储器）▶ 不可重写
  - ↳ PROM（可编程只读存储器）▶ 可以被编程重写
    - ↳ One Time PROM（一次性可编程只读存储器）▶ 仅可写入一次
    - ↳ EPROM（可擦写可编程只读存储器）▶ 可以擦除并重新编程
      - ↳ UVEPROM（紫外线可擦写可编程只读存储器）▶ 利用紫外线
      - ↳ EEPROM（电擦写可编程只读存储器）▶ 利用高电压
    - ↳ 快闪存储器 ▶ 用户可擦除和编写

—————— 图4-1 ● 半导体存储器的分类

虽然半导体存储器有许多不同种类，但可以大致分为 RAM（随机存取存储器，Random Access Memory）和 ROM（只读存储器，Read Only Memory）。

RAM 是一种可以随机访问多个存储单元的存储器。只要指定存储单元的位置（地址），就可以立即访问该存储单元，读取、擦除或写入存储内容。半导体的 RAM 通常有两种代表性类型，分别是 DRAM（动态随机存取存储器）和 SRAM（静态随机存取存储器）。

这两种类型的存储器在电源被切断，也就是不再供应电压时，存储的信息都会消失，所以也被称为"易失性存储器"（或"挥发性存储器"）。

DRAM 是使用电容来存储信息的，通过电荷的存在与否来识别信息的"1"和"0"。它的存储单元结构简单（一个晶体管+一个电容），每 bit 的成本低廉是其特点之一。

然而，储存在电容中的电荷会随着时间的推移而逐渐漏电消失。因此，需要定期进行重新写入操作，称为刷新（refresh）。在

DRAM 中，每秒执行数十次刷新，因此被称为动态存储器。

SRAM 在存储部分使用了一种称为触发器（flip-flop）的 CMOS 电路，因此不需要像 DRAM 那样的刷新操作，也可以实现高速操作。

但缺点是，每个存储单元需要 4~6 个晶体管，因此电路变得较大且成本较高。SRAM 主要在需要高速性能的地方少量使用。

ROM 是只读存储器，它通过将信息预先写入大量排列的存储单元中，使其能够无限次地被读取出相同的信息。

这些信息主要包括指令程序和初始设置数据等，即使断电后也需要继续保持存储的内容。因此，它被称为"非易失性存储器"。

掩模只读存储器是通过半导体制造过程中的线路刻蚀等方式进行信息写入，无法再次更改信息。像洗衣机和电饭煲等家电中使用的微处理器通常内置有掩模只读存储器，它们只能通过预先编写的程序执行各种操作。

尽管同样被称为只读存储器（ROM），但也有一种特殊的 EPROM（Erasable Programmable ROM，随机可编程只读存储器）它可以通过特殊方法擦除和重新编写信息。这种存储器可以通过使用紫外线或高电压等特殊方法擦除已存储的内容。尽管这些 ROM 可以进行擦除和写入，但需要使用特殊的设备来进行操作，一般用户无法执行这些操作。

在使用高电压来编写信息的 EEPROM（Electrically EPROM）技术的基础上，人们发展出了快闪存储器（简称"闪存"）。这种存储器允许计算机、智能手机等用户擦除和重新编写信息。由于其便捷性，广泛应用于各个领域。尽管它与 RAM 类似，但由于是从 EEPROM 发展而来，所以被归类在此处。

在这些存储器中，SRAM、DRAM 和闪存尤其重要，所以请牢记它们。我们将在后续章节中对它们进行详细解释。

在此之前，我们将解释如何区分和使用这些存储器。读到这里，你可能会疑惑为什么需要使用这么多不同种类的存储器。

这涉及存储器的特性和成本因素。

为了在系统中尽可能快速地处理信息并以尽可能低的成本构建系统，需要采用一些技巧，在算术逻辑单元附近放置高速存储器，而在远处放置较慢且更经济的存储器。

如图 4-2 所示，在 CPU 附近配置了昂贵但高速的 SRAM，其外部配置了比 SRAM 慢但相对低价的 DRAM，然后在更远的地方配置了速度较慢但更低价的闪存。

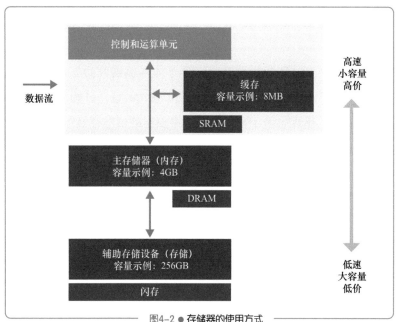

图4-2 ● 存储器的使用方式

请想象一下，在自己的桌子上，你正在阅读一本书。桌子上的几本书可以立即拿到，这就像是 SRAM。然后，房间里的书架上有几十本书，需要稍微花一些时间才能取出，这就像是 DRAM。而图书馆里有成千上万本书，但需要花费一些时间才能取出，这就像是大容量的闪存。

因此，为了兼顾访问速度和成本，不同种类的存储器被用于不同的用途。

4-2

 半导体存储器的主角：DRAM

用于计算机的主存储器

从 20 世纪 60 年代后期开始，半导体存储器开始在美国出现。各种不同的存储器，如双极型 RAM 和 SRAM 等，开始陆续问世。这些存储器的出现是为了替代计算机中使用的磁芯存储器。

在其中，最终成为主流的是本节将要介绍的 DRAM（Dynamic Random Access Memory）。英特尔于 1970 年推出的 1103 作为世界上第一款 DRAM 取得了成功，迅速取代了当时的计算机存储器。

DRAM 不仅具备存储功能，还在推动半导体设备的高度集成方面发挥了作用。至今，它仍然是主要的半导体存储器之一，并继续被广泛使用。

这种 DRAM 的存储单元构成如图 4-3 所示，由 1 个 MOSFET 和 1 个电容组成。MOSFET 充当选择存储单元的开关，而电容中的存储电荷状态有电荷表示 "1"，无电荷表示 "0"。

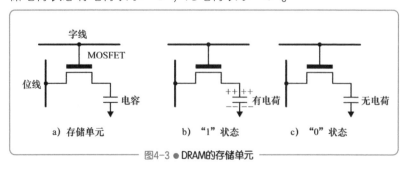

图4-3 ● DRAM的存储单元

需要存储大量信息的 DRAM 会将这些存储单元按照如图 4-4 所示的矩阵形式排列。然后，每个单元的晶体管通过字（word）线和位（bit）线相互连接。通过字线和位线，可以对存储单元进行写入和读取操作。

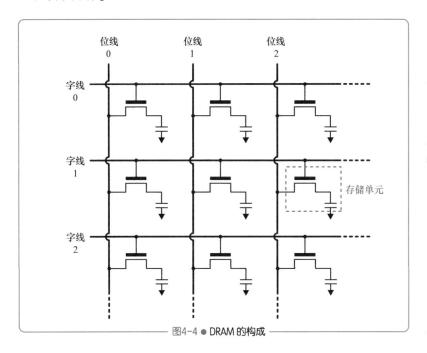

图4-4 ● DRAM 的构成

写入和读取的方法如图 4-5 所示。

要像图 4-5a 那样写入"1"，需要提高与相应晶体管连接的字线的电压，以使得晶体管开启。然后提高位线电压，通过晶体管向电容充电。另一方面，要写入"0"，则需要在位线电压维持在低电压时提高字线电压。这样，电容将通过 MOSFET 被放电，其中的电荷就会消失。

当提高字线的电压时，与该字线连接的所有存储单元的晶体管都会处于开启状态。因此，一次可以同时存储与位线数量相等的"0"和"1"。通过字线和位线电压的高低切换，可以将信息写入所有存储单元中。

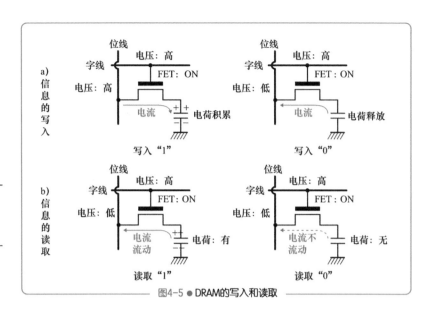

图4-5 ● DRAM的写入和读取

要读取存储在存储单元中的信息，首先按照图 4-5b 所示，提高字线的电压以使得晶体管开启。然后检测电容是否通过位线有放电电流流出。

如果存储的是"1"，则由于来自电容的放电电流流入，位线的电压会瞬间升高。如果存储的是"0"，则由于没有放电电流流入，位线的电压不会上升。

在进行这种读取操作时，存储在电容中的电荷会流出，导致存储的内容丢失。因此，在从存储单元中读取信息之后，需要将相同的信息写入存储单元，以维持存储器中的信息。

此外，由于通过晶体管存在微小的漏电流，即使不执行读取操作，存储在电容中的电荷也会逐渐丧失。因此，需要每隔一定时间（大约 0.1s）进行刷新，以重新写入相同的内容信息。

DRAM 需要刷新操作，因此会消耗较多电力，且控制上较为复杂，这是其缺点。另一方面，由于 1 位元使用 1 个晶体管就可以实现，因此结构简单，具有占用面积小，但能存储大量信息的重要优点。

尽管存在需要刷新的缺点，DRAM 作为存储器产品仍然被广泛生产，这是因为它具有单位面积信息密度高的特点。

1970 年，由英特尔制造的世界上第一款 DRAM 是 1103 型，它是一款 1Kb（1024b）的 LSI 存储器，当时的 1 个位元的存储单元构成包括 3 个晶体管和 1 个电容。

接下来的一代是 4Kb DRAM，由德州仪器（TI）公司实现了 1 个晶体管和 1 个电容的构造。随后的 16Kb DRAM 及其以后的 DRAM 都采用了相同的 1 个晶体管和 1 个电容的构造。

LSI 存储器的每比特成本随着每个芯片上搭载的位元数增多而降低。因此，DRAM 也随着技术进步而逐步增加容量，例如在 1973 年是 4Kb、1976 年是 16Kb、1980 年是 64Kb、1982 年是 256Kb、1984 年则达到 1Mb（1Mb＝1024Kb），如图 4-6 所示。

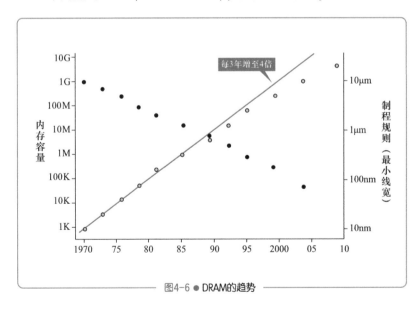

图4-6 ● DRAM的趋势

要增加每个芯片上搭载的晶体管数量，简单地考虑增加芯片面积是一种途径。然而，增加芯片尺寸会导致每片晶圆可制得的芯片数量减少，从而降低产出率。这将导致成本上升。

要在不增加芯片尺寸的情况下大规模集成晶体管，关键是缩小晶体管的尺寸。这需要将电路图形变得更加微小。

最初的 1Kb DRAM 的线宽为 10μm，而最近已经微缩化到其 1/500即 20nm 以下。半导体电路的线宽也被称为制程规则。图 4-6 也显示了这种制程规则的趋势。

4-3

DRAM 的结构

在同一硅基板上制造 MOSFET 和电容

　　如前所述，DRAM 的存储单元由 MOSFET 和电容构成。这不仅要制造 MOSFET，还要在硅基板上制造电容。在这种情况下，所需的读取电荷在一定程度上是确定的。因此，要增加存储器容量，关键是要考虑如何在尽可能小的面积上实现相同容量的电容。

　　图 4-7 显示了存储单元的剖面图。

　　图的左侧显示的是最初用于存储单元的平面型单元，左半部分是 MOSFET，右半部分是电容。

　　电容的结构是在两个电极之间夹有薄的绝缘膜（图中为 SiO_2），并与 MOSFET 通过电极连接在一起。为了储存所需的电荷，必须确保一定的静电容量，即电容的面积。然而，随着 DRAM 容量的增加，要求存储单元的缩小，这也涉及电容面积的缩小。

　　进入 20 世纪 80 年代后期的兆比特时代后，不再有在 Si 基板表面形成平面型电容的空间，因此出现了如图 4-7 右侧所示的立体结构电容的想法。这包括两种类型，分别是"沟槽单元"和"堆叠单元"。

　　沟槽单元通过在 Si 基板上垂直制备沟槽，形成电容的侧壁，从而确保了更大的电极面积，并实现所需的电容容量。与此不同，堆叠单元通过在 MOSFET 上叠加电容，以确保所需的电容容量。

　　沟槽单元和堆叠单元是由日立公司的角南英夫和小柳光正发明

的，他们都是日本东北大学的教授西泽润一的学生。发明了闪存的东芝公司的舛冈富士雄也出自西泽润一研究室。西泽教授培养了许多杰出的半导体技术人员，对半导体技术的发展做出了重大贡献。

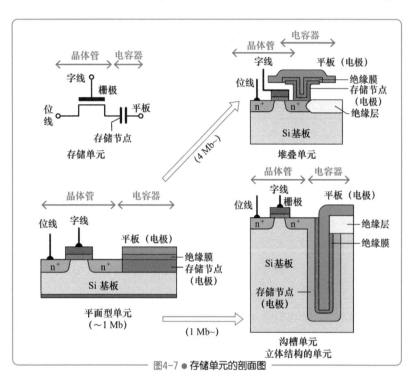

图4-7 ● 存储单元的剖面图

角南和小柳发明的存储单元结构通过立体化电容部分，能够容纳大量的电荷。这些技术在从 1Mb 到 4Mb 的 DRAM 中开始广泛采用，并成为自 20 世纪 80 年代以来 DRAM 领域不可或缺的技术。

在开发和制造这种大容量 DRAM 方面，日本的企业处于全球领先地位。不仅是日立的角南和小柳，还有东芝、日本电气等公司都竞相争夺全球第一的地位。

为了确保大容量 DRAM 中使用的电容的容量，不仅可以通过增大电极的面积来实现，还可以通过在电极之间使用高介电常数的绝缘材料来实现。

同时，还需要保证电容与硅晶体间形成良好的结合，以减小漏电流。漏电流越大，电容中能够保持电荷的时间就越短，使得刷新周期缩短、待机功耗增加。

最早使用的绝缘膜是二氧化硅膜（SiO_2膜，相对介电常数 4），但到了 20 世纪 80 年代，使用介电常数更大的氮化硅膜（Si_3N_4膜，相对介电常数 8）开始成为主流。

另外，在 64Mb DRAM 出现后，一种名为 HSG（Hemi-Spherical Grain）的方法开始得到运用，该方法通过在电极表面制造凹凸，可以将有效面积增加至超过两倍。进入 2000 年以后的吉比特（Gb）时代，开始将介电常数在数十以上的材料用于电容，如 Ta_2O_5 或 Al_2O_3/HfO_2 等。并且，为了抑制漏电流，还开始使用氧化铝（Al_2O_3）。具体而言，是采用了高介电常数的 ZrO_2，并在中间夹杂一层氧化铝形成了三层结构的 $ZrO_2/Al_2O_3/ZrO_2$。

高速运行的 SRAM

使用触发器的存储器

接下来介绍 SRAM（Static Random Access Memory）。SRAM 使用了一种称为触发器（Flip-Flop）的逻辑电路来存储数据。换句话说，与其他存储器不同，它不需要特殊的工艺步骤（例如 DRAM 需要电容器），可以直接集成到 CMOS 工艺中。

SRAM 的构成如图 4-8a 所示。SRAM 的存储部分如图 4-8b 所示，它由两个反相器组合而成。反相器是一种电路，可以反转输入和输出信号，如果输入为 0，则输出为 1，如果输入为 1，则输出为 0。

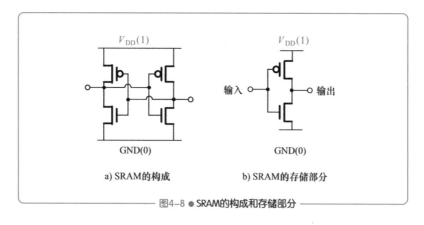

a) SRAM的构成　　　　　　　b) SRAM的存储部分

图4-8 ● SRAM的构成和存储部分

图 4-9 中显示了如何使用这种反相器电路来保持数据。

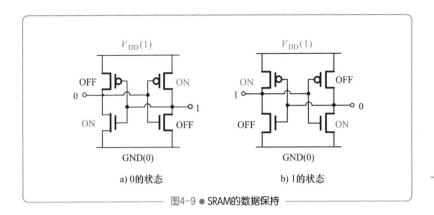

图4-9 ● SRAM的数据保持

首先，是0的状态。此时，左边的反相器输出为0，右边的反相器输出为1。左边的反相器的输出连接到右边的反相器的输入，右边的反相器的输出连接到左边的反相器的输入。因此，这种状态可以稳定保持。

另一方面，对于1的状态，所有状态都反转，左边的反相器输出为1，右边的反相器输出为0，这个状态也可以稳定地保持。

另外，右和左的反相器输出相同的情况，即0和0、1和1的状态是不稳定的，因此可以用于存储的状态只有图中展示的这两种。由于0和1的状态可以稳定保持，因此不需要像DRAM那样进行刷新操作。

接下来，让我们使用图4-10来解释读取和写入数据的方法。

DRAM有一个字线（WL）和一个位线（BL），而SRAM由于有两个输出，所以有两根位线，分别是BL和BLB。就像图4-9中的讨论一样，当数据保持时，BL和BLB是相反的。也就是说，如果BL为0，那么BLB就为1，如果BL为1，那么BLB就为0。

在读取数据时，将WL设置为1。然后，读取用的nMOS会开启，从BL和BLB读取数据。DRAM在读取时会释放电容的电荷，因此为了保持数据，需要再次写入。但是，在SRAM中，不需要进行这种操作。

另一方面，写入数据时，需将要写入的数据输入到 BL 和 BLB 中，然后将 WL 设置为 1。此后，开启写入用的 nMOS 即可写入数据。如果要写入 0，可以将 0 输入到 BL，并将 1 输入到 BLB，然后将 WL 设置为 1，这样 0 就会被写入。

　　图 4-10 显示了 SRAM 的标准结构，其中用于数据保持的 MOS-FET 有 4 个，用于读取和写入的 MOSFET 有 2 个，总共需要 6 个 MOSFET 来构成 SRAM 的存储单元。

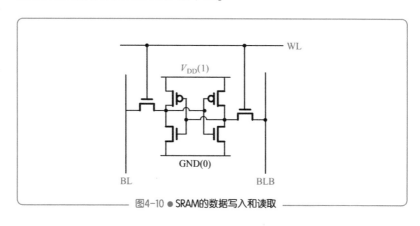

图4-10 ● SRAM的数据写入和读取

　　由于每个单元需要 6 个 MOSFET，因此与 DRAM 相比，所需的面积较大。但正如前面的讨论所说，它不需要刷新操作，可以高速读写。此外，它还具有可集成在 CMOS 工艺电路中制造而不需要额外特殊工序的优点。

4-5

闪存的原理

用于 USB 存储器和存储卡

快闪存储器（简称"闪存"）被用于计算机的 USB 存储设备以及数码相机和智能手机的存储卡等设备中。它是一种非易失性存储器，意味着即使断电也能保留数据，并且类似于 DRAM 的随机存取一样，允许读取、擦除和写入数据。然而，由于其运行速度较慢，不能替代 DRAM。

闪存是由东芝的舛冈富士雄于 1984 年发明的。

在 DRAM 中，存储信息是通过存储单元的电容中积累的电荷来表示的。而在闪存中，电荷积累在 MOSFET 内部的浮动栅（浮栅）中。

图 4-11 展示了闪存的结构。在 MOSFET 的栅极和 Si 基板之间，有一个未连接到任何地方的浮动栅。

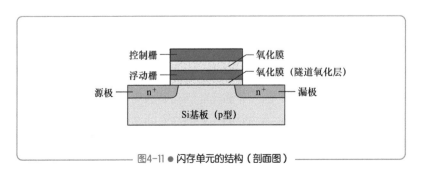

图4-11 ● 闪存单元的结构（剖面图）

这个浮动栅是闪存的特点。当在这里存储电荷时，因为周围都是氧化膜（SiO_2）的绝缘体，电荷（电子）无处可逃。因此，它成为一种非易失性存储器，即使断电，存储器内容也不会丢失。

在闪存中，将电荷积累在浮动栅中的状态被表示为"0"，没有电荷的状态被表示为"1"。通过在这个浮动栅中存储或释放电子来记录和保存信息。

当要写入"0"时，如图 4-12a 所示，将源极、漏极和基板接地（0V），然后对控制栅施加正电压。

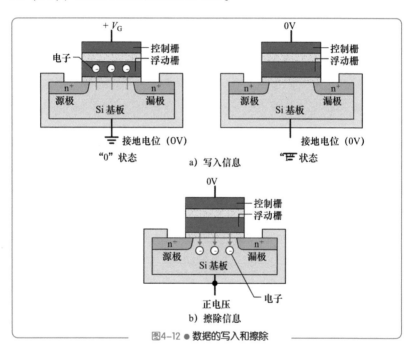

图4-12 ● 数据的写入和擦除

这会导致在 Si 基板中的电子穿过氧化层并积聚在浮动栅上。虽然电子能够穿过绝缘材料可能看起来有些奇怪，但如果将氧化层的厚度控制在几 nm 左右，电子就可以利用隧穿效应穿越氧化层。

因此，我们将位于 Si 基板和浮动栅之间的氧化层称为隧道氧化层。当要写入信息"1"时，由于浮动栅上没有电子，因此不执行任何操作。

为了擦除信息，也就是让浮动栅内没有电子，如图 4-12b 所示，我们将控制栅设置为 0V，并对源极、漏极和基板施加正电压。这样，浮动栅内的电子会通过隧穿效应穿越氧化层并移动到电压较高的基板一侧。结果，浮动栅内的电荷被清除。

另一方面，数据的读取是通过将一定的正电压施加到控制栅上，然后测量从源极到漏极的电来实现的（见图 4-13）。

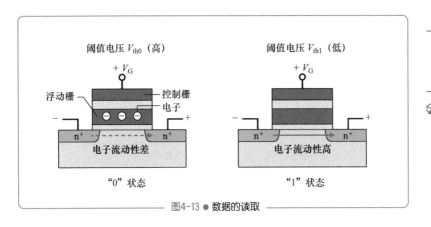

阈值电压 V_{th0}（高）　　　　　　　阈值电压 V_{th1}（低）

图4-13 ● 数据的读取

当电子储存在浮动栅中时（"0"状态），施加在控制栅上的正电压会被电子的负电荷抵消，使电流难以流动。

当电子未储存在浮动栅中时（处于"1"状态），栅极电压直接施加在衬底上，电流会像 MOSFET 工作时一样流动。这种差异允许我们判断是"0"还是"1"状态。

即使在浮动栅中积累了电荷（如图 4-13 中的"0"状态），只要向控制栅施加足够高的电压，电流就会在源极和漏极之间流动。

换句话说，通过控制浮动电荷的数量，可以控制晶体管开始导通的阈值电压，从而存储信息。

在之前的解释中，一个存储单元（参见图 4-14a）中存储的信息是 1 位元（bit）的"0"或"1"。

然而，如果考虑控制阈值电压，就可以将存储在浮动栅中的电荷量从满到空分为 4 个级别，就像图 4-14b 所示。然后，将每个级别与信息"01""00""10"和"11"相对应,从而在一个单元中存储 2 位元的信息。

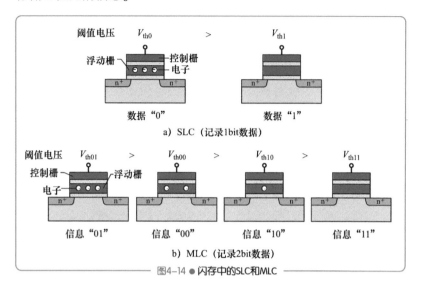

在读取时,由于每种状态对应的阈值电压不同,因此可以通过 $V_{th01} > V_{th00} > V_{th10} > V_{th11}$ 的阈值来判定状态。像这样控制 4 种状态的方法称为 MLC(Multi Level Cell)。另一方面,只控制 2 种状态的方法称为 SLC(Single Level Cell)。

如果选择 MLC 技术,可以在一个存储单元中记录 2 位元的信息。此外,通过增加阈值电压的划分,也可以记录 3 位元或 4 位元的信息,从而实现更大的存储容量。然而,MLC 在技术上仍存在一些难点,如对浮动栅的写入电压控制以及对 MOSFET 性能偏差的敏感性,因此增加阈值电压划分的层级数量是困难的。

此外,闪存在记录和擦除信息时,需要使用大约 10V 的相对较高电压,以使电子穿越隧道氧化膜。因此,重复写入信息会导致氧化膜逐渐退化,最终无法保留电子。换句话说,与其他存储器相比,闪存寿命较短。此外,它还存在写入速度较慢的缺点。

然而,与 DRAM 不同,闪存不使用电容,因此可以在一块芯片上搭载更多的存储单元,实现了更大的存储容量。

4-6

闪存的结构

NOR 型和 NAND 型

　　闪存与 DRAM 类似，都由许多存储单元以矩阵的形式排列组成。而其构造有两种类型，分别是 NOR 型和 NAND 型（见图 4-15）。

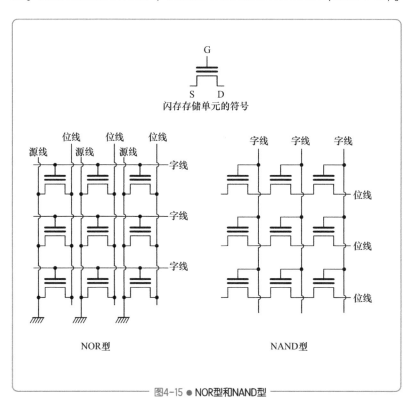

图4-15 ● NOR型和NAND型

图 4-16 显示了 NOR 型闪存的构造。可以看到不仅有字线和位线，还有用于传递源极电流的源线存在。

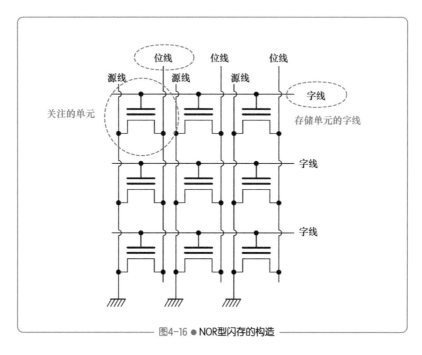

图4-16 ● NOR型闪存的构造

NOR 型闪存的操作与 DRAM 相似，更容易理解。例如，在读取图中所关注的单元的值时，会向相应的字线提供读取电压，并从位线的电流中读取信息。另一方面，在擦除或写入时，会向位线提供写入电压，并向字线提供电压以进行写入。

由于实际操作较为复杂，因此与 DRAM 不同，电压不仅限于 0 和 1 这两个值，但仍然需要逐个单元进行读取和写入。换句话说，这意味着可以进行随机访问。

另一方面，图 4-17 显示了 NAND 型闪存的构造。

作为构造的一部分，将连接到相同字线的多个存储单元列称为"页"，并将多个通过字线汇总成的页的集合称为"块"。

而在图 4-18 中，展示了一列与同一位线连接的存储单元。特点是，连接到相同位线的多个 MOSFET，互相之间以源极和漏极相

一本书读懂半导体

连的方式形成串联连接。当在半导体基板上制造连接到这一列的 MOSFET 时，其结构将如图 4-18 中下方的剖面图所示。

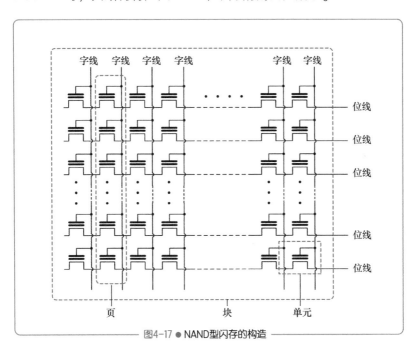

图4-17 ● NAND型闪存的构造

图4-18 ● NAND型闪存的剖面图

相邻的晶体管的源极和漏极在基板内部共享 n^+ 型区域，无须在表面制备电极。这意味着可以利用省去的电极面积增加集成度。

然而，在这种结构下，流经一根位线的电流比 NOR 型少，这就导致了读取速度变慢。此外，单个存储单元变小以及浮栅电荷减少等因素会影响数据的保存，从而降低了数据可靠性。

接下来是 NAND 型的擦除和写入步骤的说明。

NAND 型的擦除是以多个页面为单位进行的，而写入则是以页面为单位进行的。

因此，为了更改某一页的内容，首先需要将包含该页面的整个块暂时保存在外部存储中，然后擦除整个块，再将更改后的数据覆写在空块中。

也就是说，即使只需要更改 1b 的数据，也需要擦除整个块。由于以这种大范围的方式进行批量擦除，因此得名快闪（flash）。

然而，由于可以批量进行页面写入，所以写入速度比 NOR 型更快。

当比较 NOR 型和 NAND 型时，NOR 型的优点在于读取速度快且数据可靠性高。因此，在家电微处理器等需要将简单程序存储在存储器中并执行的情况下，由于快速读取的优势，通常会选择使用 NOR 型。这是因为相比于容量和写入操作速度，高可靠性和快速读取的优势更加重要。

然而，闪存多数应用于像 USB 存储设备和固态硬盘（SSD）等的数据存储，因此需要进行大量的写入操作。在这种情况下，高度集成化的优势非常重要。因此，NAND 型闪存已成为主流。

4-7

通用存储器的研究进展

有望取代 DRAM 和闪存的下一代存储器

迄今为止，我们已经介绍了 DRAM、SRAM 和闪存。

闪存具有非易失性，也就是说，即使断电，它仍可以保留信息，这是一个出色的特点。如果可以用闪存替代易失性存储器 DRAM，那么这种即使断电也不会丢失数据的通用存储器将非常便利。

然而，由于闪存的运行速度较慢，因此不能像 DRAM 一样用作主存储器。而能像 DRAM 一样高速运行的非易失性存储器的开发也在进行中。

下一代存储器的代表包括磁阻存储器（Magnetoresistive-RAM）、相变存储器（Phase change-RAM）、电阻变化存储器（Resistive-RAM）、铁电存储器（Ferroelectric-RAM）等。

简单来说，磁阻存储器通过磁化方向（自旋）导致的电阻变化来记录信息。相变存储器则利用存储层的晶体状态变化来实现电阻变化。而电阻变化存储器则通过向存储层施加电压脉冲来改变其状态，并通过电阻变化来记录信息。铁电存储器通过铁电体的极化方向改变导致电容变化来记录信息。

所有这些都是非易失性存储器，因此即使像闪存一样断电，也可以记录信息。

我们将各种存储器的特点总结在表 4-1 中。这个表格是对各存储器特点的概括，需要注意使用场景和开发情况可能会影响对存储器的评价。

表4-1 ● 各种存储器性能比较

	易失性	集成度	写入次数（寿命）	运行速度
DRAM	易失	◎	○	○
SRAM	易失	△	○	◎
闪存	非易失	◎	×	×
MRAM（磁阻存储器）	非易失	△	○	○
PRAM（相变存储器）	非易失	△	○	○
ReRAM（电阻变化存储器）	非易失	○	○	△
FeRAM（铁电存储器）	非易失	△	○	○

下一代存储器

尽管下一代存储器旨在取代 DRAM 和闪存，但要在高度集成度方面胜出似乎并不容易。此外，虽然这张表中没有提到，但引入新材料和制造工艺需要相当高的成本，目前看来还没有找到与之相匹配的足够优点。

作为下一代存储器的一个例子，我们将介绍磁阻存储器的结构。

被称为 MTR（Magnetic Tunnel Junction）的 MRAM 存储元件的结构如图 4-19 所示。该存储元件具有三层结构，包括记录层、隧道层和固定层。其中，固定层是强磁性材料，具有特定的磁化方向。记录层可以从外部改变磁化方向。隧道层用于分隔记录层和固定层。

如果记录层和固定层的磁化方向相同，则电流较大，而如果记录层与固定层的磁化方向相反，则电流会较小。因此，可以通过控制记录层的磁化方向来将其用作存储器。

可以通过字线或位线电流流动产生外部磁场的方法，或者通过自旋极化产生电子电流的方法来控制记录层的磁化方向。

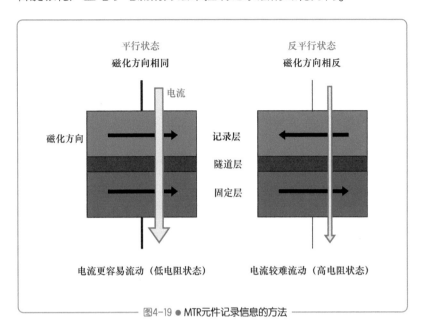

图4-19 ● MTR元件记录信息的方法

将 MTR 元件与 MOSFET（见图 4-20）连接，即可以用作存储

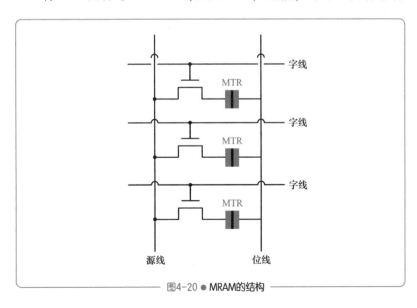

图4-20 ● MRAM的结构

器。MTR 元件具有非易失性，可以高速操作，并且具有低功耗的特点，因此可以期待在产品中的应用。

目前为止，所有的下一代存储器技术尚未完全解决技术和成本方面的问题。此外，由于 DRAM 和闪存在高度集成、低功耗和高速方面都取得了进展，因此很难完全替代现有的存储器技术。

然而，如果出现技术突破，这些技术也有可能会迅速替代现有的存储器技术，因此需要密切关注。

半导体之窗

洁净室：LSI 的大敌是尘埃

在硅片上形成的晶体管等元件的数量巨大，因此每个元件的图形都被微缩化。当图形的最小尺寸（线宽）缩小到 1μm 以下时，空气中的不可见微尘就会成为主要障碍。

半导体制造过程中的关键是减少大气中的灰尘、杂质等被称为颗粒的污染物。由于当前的半导体是在纳米尺度上进行制造的，所以如果有灰尘或杂质附着在上面，次品的发生率就会大幅增加。

以 LSI 的布线为例，最先进的 LSI 已经微细化到尺寸小于 20nm。因此，仅仅是在硅片表面附着了看不见的微小灰尘，就可能导致电路线路中断或形状不良。实际上，曾经有因为化妆品的粉尘而导致集成电路的线路中断的情况发生。

正如此处所述，即使有微小的灰尘附着在 LSI 芯片上，该芯片也会成为次品。如何尽量减少次品的产生对公司的利益至关重要，这是最需要极力防范的地方。

因此，需要使用高度控制温度、湿度、气流、微振动的洁净室，以将空气中的微粒（如灰尘）彻底去除至极限。

进入洁净室时，必须穿上从头覆盖到脚的洁净服，并在进入前经过净化风淋，以去除洁净服上的灰尘等颗粒物。

用于表示洁净室洁净度的指标是"洁净度等级"。工业用洁净室的洁净度标准由 ISO 标准规定。

根据这一标准，洁净度等级用于表示每立方米空气中大于 $0.1\mu m$ 的颗粒（尘埃）数量。表4-A 是其中的一部分，用于 LSI 制造的最严格的等级是 ISO1，即洁净室每立方米空气中的 $0.1\mu m$ 颗粒不超过 10 个。实际上，在半导体制造中，有时候会使用更高洁净度的洁净室。

表4-A ● 洁净室的洁净度

空气中的最大尘埃数量（1m³范围中）					
等级　粒径 ≥0.1μm	≥0.2μm	≥0.3μm	≥0.5μm	≥1μm	≥5μm
ISO1　　10	2.37	1.02	0.35	0.083	0.0029
ISO2　　100	23.7	10.2	3.5	0.83	0.029
ISO3　　1000	237	102	35	8.3	0.29
ISO4　　10000	2370	1020	352	83	2.9
ISO5　　100000	23700	10200	3520	832	29

以下省略

尽管说"每立方米空气中的 $0.1\mu m$ 颗粒不超过 10 个"，但 $0.1\mu m$ 的颗粒是肉眼不可见的，可能难以想象。

LSI 芯片正是在这样的洁净室中制造的。此外，洁净室不仅要求空气中没有微尘，还要求所使用的化学品和清洗用水等具有极高纯度，通常要求达到 12N（99.9999999999%）。

第**5**章

光电、无线和功率半导体

将太阳光转换为电能的太阳能电池

太阳能电池并不是电池

太阳能发电作为可再生能源而备受期待。

太阳能发电的关键设备就是太阳能电池。太阳能电池是一种使用半导体的装置,它能够直接将太阳光的能量转换为电能。尽管它被称为"电池",但不像干电池那样具有储存电能的功能。因此,称为"太阳能发电元件"等名称更为准确。

太阳能电池利用了 1-2 中提到的半导体光电效应(将光转换为电能的现象)。然而,仅仅将光照射到半导体上并不能产生电能。要将光能转换为电能,还需要使用 pn 结二极管(请参考 1-8)。

图 5-1a 显示了 pn 结二极管,其中 p 型半导体中存在多数载流子空穴,而 n 型半导体中存在多数载流子电子。当将这两种半导体相结合时,如图 5-1b 所示,空穴从结面扩散到 n 型半导体,电子则扩散到 p 型半导体。

由于扩散,结面附近的电子和空穴会结合在一起并消失,这被称为复合。结果会形成图 5-1c 中不存在载流子的区域,被称为耗尽区。

结面附近的耗尽区中,n 型半导体中电子数量不足,会带有正电荷。而 p 型半导体中空穴数量不足,会带有负电荷(见图 5-1d)。

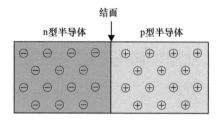

结面

n型半导体　　　　　p型半导体

⊖ 电子
⊕ 空穴

a）pn结二极管

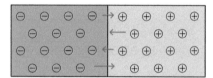

b) 电子和空穴移动到对面的半导体中（扩散）

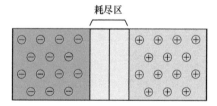

耗尽区

c) 结面附近形成耗尽区

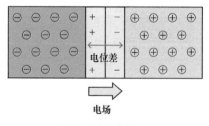

电位差

电场

d）耗尽区中形成电场

图5-1 ● pn结二极管的载流子

因此，在 n 型和 p 型半导体之间的耗尽区中会产生被称为内建电位差的电位差，并在结区形成电场。这个电场会与从 n 型到 p 型的电子扩散效应达到平衡状态，从而阻止电子进一步从 n 型半导体流出。

这种状态是热平衡状态，在不受到外界条件作用的情况下这种状态不会发生变化。换句话说，结面形成了内建电位差的势垒，电子和空穴都无法越过这个势垒。

在这种状态下，如图 5-2 所示，太阳光进入了耗尽区，通过光的能量产生了新的电子和空穴。然后，受内建电场的影响，电子移动到 n 型半导体，空穴移动到 p 型半导体（见图 5-2a）。结果，产生了将电子输送到外部电路形成电流的力。这就是所谓的电动势。

电动势在光照射期间持续存在，通过连续输送电子到外部电路来供应电力。被输送出的电子通过外部电路返回到 p 型半导体，并与空穴复合（见图 5-2b）。这就是观测到的电流。

目前，大多数太阳能电池都使用硅半导体。图 5-3 展示了基于硅晶体的太阳能电池的结构。

为了更容易理解，我们在前面的图示中使用了细长的 pn 结的图示。然而，太阳能电池这种元件产生的电流大小与 pn 结二极管的面积成正比。因此，为了增大 pn 结的面积，它通常被制成像图 5-3 中那样薄平板状的结构。

前面的说明中提到了通过太阳光产生载流子，现在让我们更详细地解释一下这种机制。

图 5-4 显示了硅原子和电子的状态（请参考图 1-11）。硅原子的外层轨道因为与相邻的硅原子形成共价键而被填满，没有空位（见图 5-4a）。

在这些硅原子中，通过掺杂磷（P）、砷（As）等 15 族（V族）元素形成 n 型半导体，这样就会多出一个电子。这个电子会进

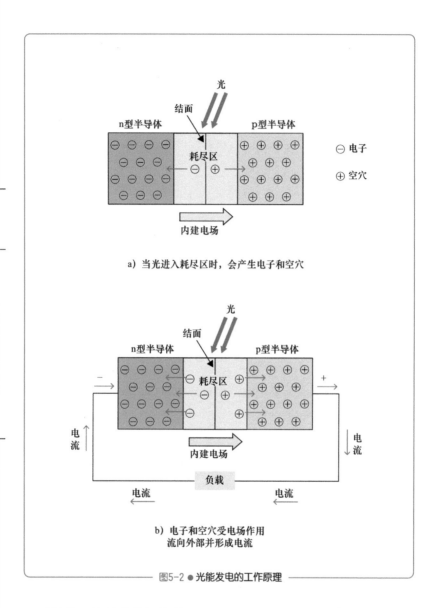

a) 当光进入耗尽区时，会产生电子和空穴

b) 电子和空穴受电场作用
流向外部并形成电流

图5-2 ● 光能发电的工作原理

入到最外层轨道的外部轨道中（见图 5-4b）。由于这个电子不参与共价键的形成，因此它可以自由移动，成为自由电子。

电子的轨道离原子核越远，其能量就越高，因此绕外部轨道的电子具有较高的能量（请参考第 1 章半导体之窗——原子的结构专栏）。外部轨道和最外层轨道之间的能量差就是所谓的带隙（band gap）。

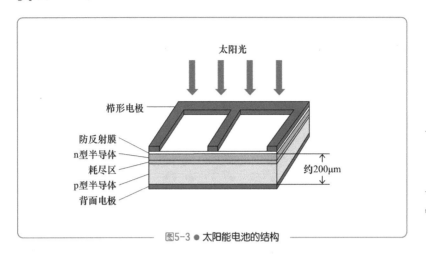

图5-3 ● 太阳能电池的结构

另一方面，在硅中通过掺杂镓（Ga）、铟（In）等13族（Ⅲ族）元素可以形成 p 型半导体，这样会因为缺少一个电子，而形成一个空穴。由于空穴形成在最外层轨道中，因此它们的能量状态会比自由电子低（见图 5-4c）。

耗尽区中没有作为载流子的电子和空穴存在，因此这个区域的原子处于图 5-4a 所示的状态。

在这种状态下，太阳光进入耗尽区，吸收光的能量后，电子从原子中跃迁到能量水平较高的外部轨道（见图 5-4d）。此时重要的一点是，跃迁到外部轨道的电子必须获得比带隙更大的能量才能实现。如果光的能量小于带隙，电子将无法跃迁到外部轨道。

光的能量由波长确定，波长越短的光具有更大的能量（请参考第 5 章半导体之窗——光的能量专栏）。光的能量 E（单位为电子伏特 eV）与波长 λ（单位为 nm）之间具有以下关系式：

$$E[\,\mathrm{eV}\,] = 1240/\lambda[\,\mathrm{nm}\,]$$

另一方面，到达地表的太阳光在各波长的强度如图 5-5 所示。

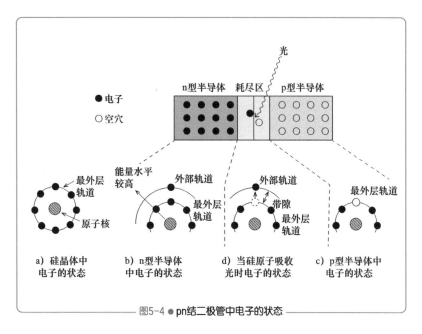

光

n型半导体　耗尽区　p型半导体

● 电子
○ 空穴

最外层
轨道　　　　能量水平
　　　　　较高　　　外部轨道　　　外部轨道　　　　最外层轨道
　　　　　　　　　　　　　最外层　　　带隙
原子核　　　　　　　　　轨道　　　　最外层
　　　　　　　　　　　　　　　　　　轨道

a) 硅晶体中　　b) n型半导体　　d) 当硅原子吸收　　c) p型半导体中
电子的状态　　中电子的状态　　光时电子的状态　　电子的状态

图5-4 ● pn结二极管中电子的状态

　　从图中可以看出，太阳光在可见光范围内最强，约占总能量的
52%。红外线占约42%，其余5%~6%为紫外线。如果能将太阳光
全部吸收并转化为电能，效率应该是最高的。但每种半导体材料能
够吸收的光的波长是固定的，因此无法吸收全部波长的光。

　　硅晶体的带隙宽度为 1.12eV，相应的光波长大约是 1100nm，
位于红外光区域。换句话说，使用硅晶体制造的太阳能电池只有吸
收波长小于 1100nm 的光才能将其转换为电能。

　　然而，如图 5-5 所示，吸收波长小于 1100nm 的光，已经足够
捕获太阳光中大部分的能量。

　　从这个讨论中可以看出，半导体的带隙越小，可能会认为越有
利于吸收波长较长的光。然而，影响发电效率的参数不仅仅是带
隙，还包括光的吸收系数，如图 5-6 所示。光的吸收系数是用来表
示半导体能在多大程度上吸收光并产生载流子的系数。

　　拥有较高吸收系数的材料是Ⅲ-Ⅴ族化合物砷化镓（GaAs）。砷
化镓的带隙宽度为 1.42eV，相应的光波长为 870nm，可以吸收的光

波长范围比硅更窄。然而，由于其高吸收系数，作为太阳能电池的材料时效率很高。

因此，砷化镓可以制造高效率的太阳能电池。然而，材料成本较高是其缺点，因此只用于特殊用途，如卫星等。人们正在积极开发更便宜且高效的化合物半导体太阳能电池。

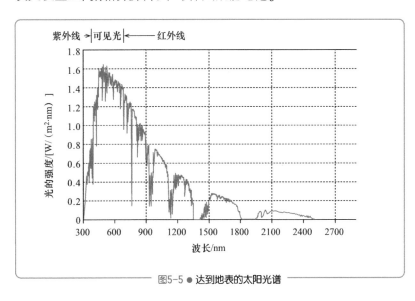

图5-5 ● 达到地表的太阳光谱

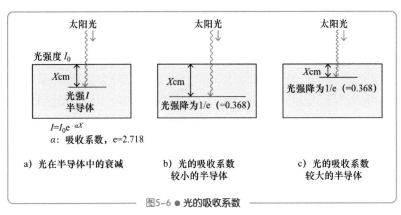

图5-6 ● 光的吸收系数

5-2

发光二极管：LED

能够高效地将电能直接转换为光能

发光二极管（LED：Light Emitting Diode）是一种使用 pn 结二极管将电能转化为光能并发光的器件。根据所使用的半导体材料的带隙差异，它可以产生紫外、可见和红外等不同波长的光。

其工作原理如图 5-7 所示。图 5-7a 与之前太阳能电池部分中描述的 pn 结二极管相同。如果不从外部添加任何能量到 pn 结二极管，耗尽区中将没有载流子存在。

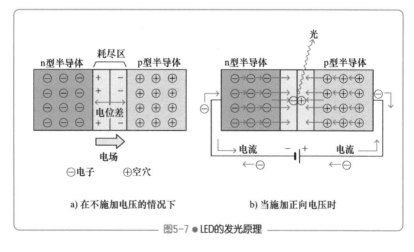

图5-7 ● LED的发光原理

当对二极管施加正向电压时，电子从 n 型半导体移动到 p 型半导体，空穴也从 p 型半导体移动到 n 型半导体，它们都朝着结面移

一本书读懂半导体

动。施加的正向电压与 pn 结二极管的内建电位差方向相反，因此
势垒降低，电子和空穴都可以越过势垒移动。

因此，在耗尽区处，来自 n 型半导体的电子与来自 p 型半导体
的空穴结合。在这时，电子从高能量状态移动到低能量状态，多余
的能量以光的形式释放到外部（见图 5-7b）。

换句话说，如图 5-8 所示，来自 n 型半导体的电子位于最外层
轨道之外，因此具有高能量。这些高能量的电子与低能量的空穴结
合后，将其能量降至较低的能级。在这时，它们会辐射出与能带间
隙相对应的波长的光。

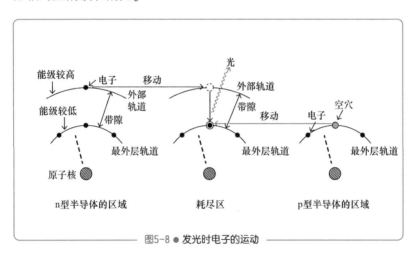

图5-8 ● 发光时电子的运动

此时光的波长 λ（单位：nm）与半导体的带隙 E_G（单位：eV）
之间存在着如下关系：

$$E_G = 1240/\lambda$$

可以很容易地计算出不同材料带隙发光的波长。

太阳能电池主要使用硅作为半导体材料。然而，由于硅的发光
效率较低，难以用于制作 LED。因此，LED 通常使用化合物半
导体。

使用化合物半导体可以通过不同元素的组合来改变带隙。换句
话说，这意味着可以自由选择所需的光的颜色（波长）。

图 5-9 中显示了发光颜色和使用的代表性化合物半导体的示例。

发光颜色	半导体材料（代表性示例）
红外	GaAs, InGaAsP
红色	GaP, AlGaAs, AlGaInP
橙色	GaAsP, AlGaInP
黄色	GaAsP, AlGaInP, InGaN
绿色	InGaN
蓝色~紫色	InGaN
紫外	GaN, AlGaN

注：在相同的化合物半导体中，发光颜色的不同是由混晶比例的差异引起的

图5-9 ● 发光颜色和半导体材料

发光元件的材料中需要特别重视的是 III - V 族化合物半导体。

特别是化合物 GaAs（砷化镓），它是被最早进行研究并获得良好晶体的材料之一。然而，它的带隙为 1.42eV，只会发出不可见的红外线（波长为 870nm）。目前主要用于电视和家电设备的遥控器等。

要发出红色可见光，可以向 GaAs 中添加少量的 Al，形成 AlGaAs（砷化铝镓、铝镓砷）。随着 Al 含量的增加，AlGaAs 的发光波长会变短，从红色变为橙色。然而，当 Al 含量进一步增加，晶体逐渐接近 AlAs（砷化铝）时，光强会减弱，最终停止发光。

GaP（磷化镓）是一种能够在恒流驱动下高效率发光的材料，而且可以通过添加不同的杂质改变发光颜色，实现从红色到黄绿色范围内的发光。

GaAsP（磷砷化镓），即磷化镓和砷化镓的混合物，可以相对容易地获得高质量的晶体。GaAsP 的发光颜色取决于 As 和 P 的比例，可以实现从橙色到黄色的发光。

AlGaInP（铝镓铟磷化物）可以通过改变 Al 和 Ga 的混晶比例

来实现从红色到绿色的发光。

近年来，引起关注的是 GaN（氮化镓）系列材料中的 InGaN（氮化铟镓、铟镓氮）。GaN 是为了实现蓝光 LED 的商业应用而开发的材料，将 In 加入其中形成的 InGaN 可以通过调整 In 和 Ga 的混晶比例来实现从黄色到紫外的发光。

这些材料不仅可以用于 LED，同时也可以用于半导体激光器（将在 5-4 中进行介绍）。

LED 发光的亮度是由 pn 结的发光效率决定的。通过在结区的有源层中聚集更多电子和空穴进行复合来提高发光效率。

pn 结二极管的 p 型和 n 型半导体使用相同种类半导体材料的结构称为同质结（见图 5-10a）。这种结构很简单，但由于发出的光在离开晶体之前再次被吸收，因此发光效率较低。

要实现高亮度的 LED，可以使用如图 5-10b 所示的双异质结。

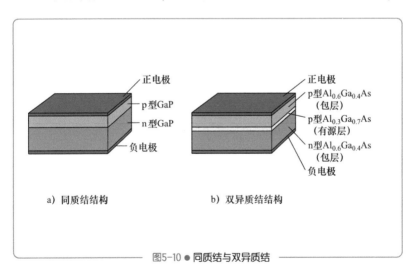

a) 同质结结构　　　b) 双异质结结构

图5-10 ● 同质结与双异质结

这是一种将有源层夹在称为包层的层中的结构。在这种情况下，关键是包层要比有源层具有更大的带隙。

对双异质结施加正向电压时，电子和空穴开始移动。然而，与同质结不同，包层和有源层的能带间隙不同。因此，在异质结的部分，即 p 型的包层和有源层之间，会对电子形成一个势垒。因此，电子被困在有源层的位置。

另一方面，在 n 型的包层和有源层之间，也会对空穴形成势垒。这个势垒也可以将空穴限制在有源层。

有源层中电子和空穴的密度增加。因此，电子和空穴的结合效率提高，导致发光效率提高。

在图中，包层和有源层都使用了 AlGaAs。然而，由于包层和有源层中的 Al 和 Ga 的混晶比率不同，因此称为异质结。

图 5-11 是使用 GaN 制作的双异质结 LED 的示例。由于光是从顶部射出的，所以顶部覆盖着透明电极。其尺寸较小，边长通常为 $200\sim500\mu m$，厚度约为 $100\mu m$。

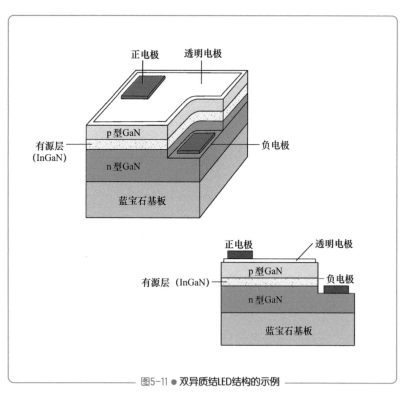

图5-11 ● 双异质结LED结构的示例

5-3

蓝光 LED

三位获得诺贝尔奖的日本人是开发的中心人物

既然具备了从红光到绿光范围的 LED，下一个目标就是实现能够发出蓝光的 LED。

当蓝光 LED 实现后，将与红光 LED 和绿光 LED 相结合，形成光的三原色，从而可以制造用于照明等用途的白光 LED。

要产生波长较短的蓝色光，需要使用带隙较大（宽带隙）的半导体材料。作为实际的候选材料，有两种选择，分别是硒化锌（ZnSe）和氮化镓（GaN）。

然而，最初氮化镓晶体的生长十分困难，即使勉强获得晶体，也因充满了缺陷而无法使用。因此，大多数研究者都将 ZnSe 视为首选并开展研究工作。

在这个过程中，继续挑战氮化镓单晶生长的是获得 2014 年诺贝尔物理学奖的名古屋大学的赤崎勇、天野浩，以及日亚化学的中村修二。

首先开始研究 GaN 的是赤崎，他在 1981 年就任名古屋大学教授后启动了这项研究。从那时起到 1989 年，他成功实现了基于 GaN 材料的蓝色发光。

要进行晶体生长有几种方法可选，赤崎选择的是 MOCVD（金属有机化学气相成长法）。这种方法使用有机金属三甲基镓（TMG：

Ga（CH₃）₃）和氨气（NH₃）作为原料，通过外延生长 GaN 晶体。

在这个过程中，基板的选择非常重要，基板必须具有与氮化镓晶体接近的晶格常数（用于表示原子之间的距离）。

如图 5-12a 所示，如果基板与半导体形成的晶格常数相同或非常接近，则可以得到纯净的单晶。但是，如果晶格常数之间存在很大差异，就会像图 5-12b 一样导致晶体结构崩溃，无法形成均匀纯净的单晶。

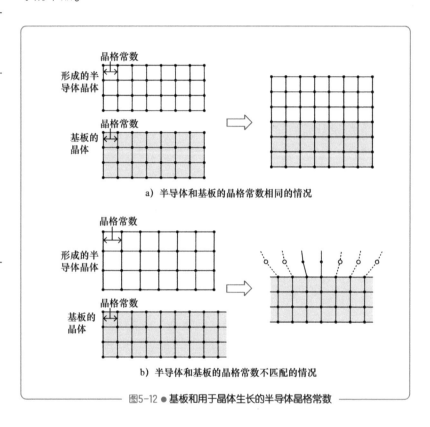

图5-12 ● 基板和用于晶体生长的半导体晶格常数

对于 GaN 而言，没有适合的具有相近晶格常数的基板材料。赤崎选择了蓝宝石（Al₂O₃）作为基板，但即使如此，仍然有大约 13% 的晶格常数偏差，导致生长的晶体中有很多缺陷和错位。

赤崎和天野的一项重要成就是解决了这个问题。他们采用的方

一本书读懂半导体

法是在蓝宝石基板和 GaN 之间引入低温缓冲层。而且，这种方法的研究中还伴随了一些偶然因素。

通常，氮化镓单晶的制备需要高达 1000℃ 左右的高温。然而，当时参与赤崎实验的研究生天野有一天却在比 1000℃ 低得多的温度下进行了实验。那时由于设备故障，温度无法升高。

此时天野正在蓝宝石基板上制备的是氮化铝（AlN）薄膜，而不是 GaN。在实验开始后，由于设备恢复了正常工作，于是他开始在 AlN 薄膜上进一步制备 GaN。

当取出所制备的晶体时，并未呈现出往常所见的玻璃状晶体。由于晶体质量不佳，之前得到的样品通常看起来像磨砂玻璃。因此，天野认为可能是忘记将原料通入，但仔细检查后发现已经制备出了无色透明的 GaN 晶体。这发生在 1985 年。

以约 600℃ 的温度制备的缓冲层半导体材料由于温度较低，无法形成完全的晶体结构。因此，它能够灵活地吸收与蓝宝石的晶格常数差异，从而为在其上制备 GaN 单晶提供了条件。这项技术被称为低温缓冲层技术，成为制造蓝光 LED 所必需的技术（见图 5-13）。

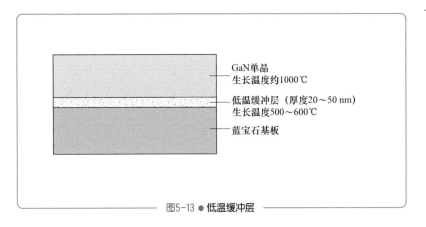

图5-13 ● 低温缓冲层

而且，除了这 3 位诺贝尔奖获得者之外，对于蓝光 LED 的开发还有一位做出重大贡献的研究者，他就是 NTT 研究所的松冈隆志。

当天野第一次成功制备出完全的 GaN 单晶时，他曾回忆说，"我当时以为什么都没长出来"。这是因为 GaN 的带隙约为 3.4eV，相应光的波长在 360nm 的紫外线范围内，可见光都会穿透过去，所以 GaN 单晶看上去是无色透明的。

因此，要产生蓝色光（波长约为 450nm），需要具有约 2.76eV 带隙的半导体，还需要使用带隙较窄的 InGaN 单晶。

成功制备 InGaN 单晶的正是松冈，这一成就被认为是蓝光 LED 能够实现的关键。如果没有这一成果，可以说蓝光 LED 将无法实现。

通过使用这些技术，赤崎和天野的团队在 1989 年成功制造了能够发出蓝色光的 GaN 的 pn 结。然而，要将其商业化，亮度仍然不足。

另一位诺贝尔奖获得者，日亚化学的中村修二，于 1989 年开始制备 GaN 单晶。这是在赤崎和天野成功实现 GaN 单晶的蓝光发光之后。

中村的贡献包括通过 "双流方式" 制备高质量的 GaN 晶体，提高了蓝光发光的亮度，以及开发了高效制造 p 型 GaN 的方法。

传统的 MOCVD 方法是将反应气体（TMG 和 NH_3）斜向注入蓝宝石基板表面以生长 GaN 单晶。然而，由于高达 1000℃ 的基板温度，使得原料气体受热上升而导致对流，中村担心这可能会导致晶体无法在基板上沉积，因此他提出了如图 5-14 所示的方法。

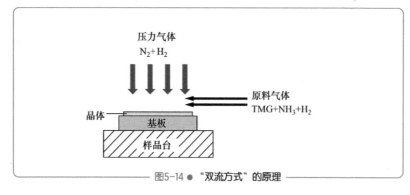

图5-14 ● "双流方式" 的原理

这种方法使用两种不同目的的气体。一种是由 TMG、NH$_3$ 和 H$_2$ 组成的原料气体，平行地流经基板。另一种是由 N$_2$ 和 H$_2$ 组成的气体，从基板上方垂直流入。这种气体充当压力气体，防止原料气体通过热对流上升。

由于存在两种气体流，这种方法被称为"双流"，这一专利后来变得非常有名，因为专利号的末三位数字而被称为"404 专利"（日本专利第 2628404 号）。

中村的另一个重大贡献是开发了 p 型 GaN 的制备方法。

尽管 n 型 GaN 的制备相对容易实现，但制备 p 型 GaN 在技术上曾经具有一定的难度。赤崎等人通过向氮化镓中添加 II 族元素镁（Mg）并使用电子束辐照的方法解决了这个问题。然而，实际在生产线上采用这种方法会导致过高的成本，因此不太现实。

中村进行了有关 p 型 GaN 制备的研究，并发现在一定条件下对 GaN 晶体进行热处理可以将其转变为 p 型。这一发现为实现蓝光 LED 的大规模生产铺平了道路。

接着，中村将 NTT 研究所的松冈提供的 InGaN 技术整合进来，成功开发了高发光效率的双异质结蓝光 LED（见图 5-15）。其亮度达到了 1cd（坎德拉），是之前的蓝光 LED 亮度的 100 倍。

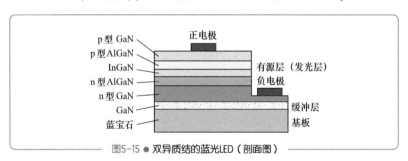

图5-15 ● 双异质结的蓝光LED（剖面图）

在蓝光 LED 的实现过程中，赤崎和天野团队的基础技术研究发挥了重要作用。而将这一技术推向市场并实现商品化的功绩则归功于中村。可以说，正是有了这三位以及松冈的共同努力，蓝光 LED 产品的开发才取得了成功。

5-4

发出纯净光线的半导体激光器

用于 CD、DVD、BD 的光学拾取头和光通信

激光器是一种能够产生"纯净"光，即相干（coherent）光的装置。这里的"纯净"指的是光的相位一致。

使用 LED 可以产生单一波长的光，即所谓的单色光，如图 5-16a 所示，其相位不一致。相对地，相干光是指波长和相位都一致的光，如图 5-16b 所示。

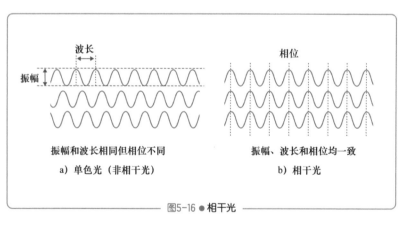

波长

相位

振幅

振幅和波长相同但相位不同

a）单色光（非相干光）

振幅、波长和相位均一致

b）相干光

图5-16 ● 相干光

半导体激光器也被称为激光二极管（LD：Laser Diode），其基本原理与 LED 一样，都是通过在 pn 结二极管中流动的电流来产生光。它们使用的半导体材料也完全相同。

两者的区别在于光的发射方式。LED 是将产生的光直接向外部

放出，是一种自然发射现象。而半导体激光器则是利用光学谐振腔结构，将光通过受激辐射现象增强后释放出去。

在光学谐振腔中增强的光会变成波长和相位都一致的相干光。"Laser" 是 "Light Amplification by Stimulated Emission of Radiation"（基于受激辐射的光增强）的首字母缩写，包含了上面提到的 "光的增强" 和 "受激辐射" 的含义。

半导体激光器产生光的过程与 LED 相似，但其结构不同，如图 5-17 所示。由有源层（发光层）产生的光在 LED 中会向上下左右的所有方向辐射，而在半导体激光器中，光从有源层的两端水平辐射出来。

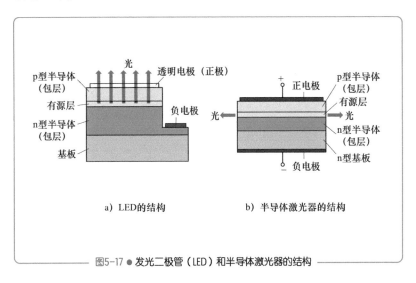

a）LED的结构　　　　　b）半导体激光器的结构

图5-17 ● 发光二极管（LED）和半导体激光器的结构

实际的半导体激光器芯片采用了如图 5-18 所示的双异质结结构，它包括夹在两个包层（1~2μm）之间的薄有源层（100~200nm）结构，如图 5-18a 所示。

图 5-18b 展示了简化的双异质结半导体激光器的剖面图。与 LED 类似，电子和空穴在 p 型和 n 型包层之间夹着的有源层中复合产生光。芯片的侧面充当光的反射镜。

另外，通过增加有源层的折射率并降低包层的折射率，可以防止光线从有源层逃逸出去。这样可以将有源层内产生的光限制在有源层内。然后如图 5-18c 所示，光会在两端的镜面间多次反射，逐渐形成一个特定波长的光。这就是光学谐振腔。

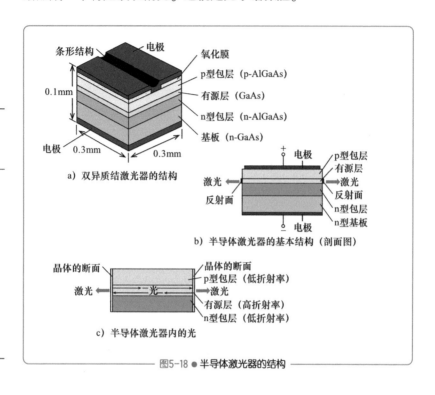

图5-18 ● 半导体激光器的结构

有源层内电子空穴复合发出的光会连锁触发其他电子空穴的复合，这一现象称为受激辐射。在这种情况下，第二次及以后的复合产生的光具有与初始光相同的相位。通过多次重复这种受激辐射过程，相位一致的强光得以生成，这就是其工作原理。

如图 5-19 所示，LED 和激光器所发出的光具有明显不同的波长分布。LED 的光（见图 5-19a）包含了多个不同波长的光。

而相对简单构造的 FP（法布里-珀罗型）激光器发出的光（见图 5-19b）具有较窄的波长分布。图 5-18 所示的结构正是 FP 激光器。

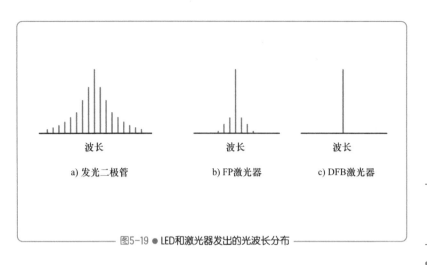

a) 发光二极管　　　　　b) FP激光器　　　　　c) DFB激光器

图5-19 ● LED和激光器发出的光波长分布

而图 5-19c 展示了结构更加复杂的 DFB（Distributed FeedBack：分布反馈型）激光器的光。DFB 激光器的结构和原理如图 5-20 所

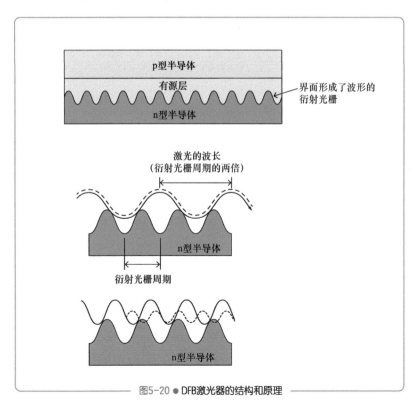

图5-20 ● DFB激光器的结构和原理

示，在包层和有源层之间设置了波形的衍射光栅。在这种情况下，除了波长为衍射光栅周期两倍的光以外，其他光会因相互抵消而消失。因此，可以获得单一波长的相干光。

激光的一个特点是可以将一束微小的光以直线方式传播，这种直线性可用于测量仪器等领域。

此外，它还应用在 CD、DVD、POS 扫描仪中，用于读取通过极小的凹点存储的信息。

在 CD、DVD、蓝光光盘（BD）中严格规定了使用的波长，如图 5-21 所示。由于较短波长的光能够形成更小的光斑，因此可以增加光盘的记录容量。大容量的蓝光光盘是基于实用化的蓝光激光器实现的。

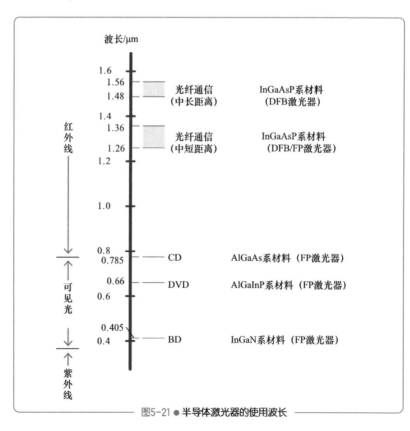

图5-21 ● 半导体激光器的使用波长

在现代通信网络中，光纤被广泛使用。因为需要将电信号转换为光信号进行传输，所以也需要使用半导体激光器。

如图 5-22 所示，光信号通过光的开关传送数字信号的"1"和"0"。使用半导体激光器可以以每秒超过 100 亿次（10Gbit/s 以上）的高速进行开关操作。

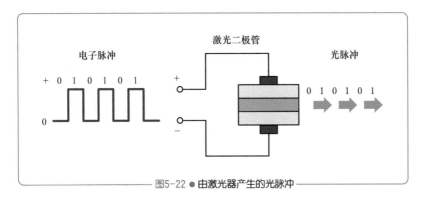

图5-22 ● 由激光器产生的光脉冲

在光纤传输中，要求尽量减小光信号的衰减并将其传输到长距离。光纤中的光衰减量会根据光的波长而变化。1.55μm 波段的光衰减最小，因此在长距离和大容量传输中使用这个波长的激光。

此外，为了将超高速光信号传输到长距离，需要使用 DFB 激光器。为了确保光脉冲的波形不变，因此需要使用单一波长的光。而在没有特别严格要求的情况下，通常会选择成本较低的 FP 激光器。

5-5

用于数码相机的图像传感器

它被用作相机的"眼睛"

　　图像传感器是一种半导体器件，它能将光转换成电信号，被用作智能手机和数码相机的"眼睛"。

　　图像传感器的构成如图 5-23 所示，包括微透镜、彩色滤光片

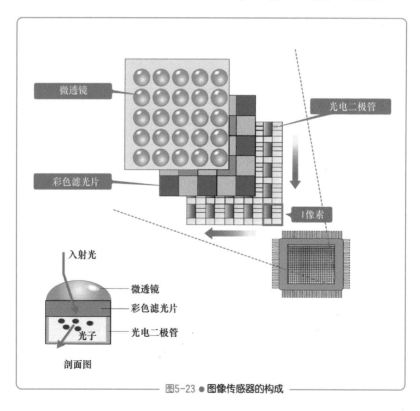

图5-23 ● 图像传感器的构成

和光电二极管。入射光经微透镜聚焦，然后通过彩色滤光片分解成三原色，最后由光电二极管检测光量。

光电二极管将光量转换成电信号（电荷）并将其积累。然而，它无法识别颜色，只能感知光的强度。因此，为了表示颜色，需要通过彩色滤光片将光分解成三原色，然后检测每种颜色的光量，以获取颜色信息。

这个光电二极管与太阳能电池一样，都是由 pn 结构成。但是，与被设计为能够最大化光照产生的电流输出的太阳能电池不同，光电二极管被优化为提高光量到电荷的转换效率，以获得清晰的图像。

图像传感器是由称为像素的结构集成而成的。在相机性能方面，例如"1000 万像素"等术语是指图像传感器上的像素数量。基本上，像素数越多，可以获得更高分辨率的图像。

代表性的图像传感器结构有两种。

一种是长期以来使用的 CCD（Charge Coupled Device：电荷耦合器件）图像传感器，另一种是自 2000 年以来逐渐实用化的 CMOS（Complementary Metal Oxide Semiconductor：互补金属氧化物半导体）图像传感器。CCD 结构和 CMOS 结构的区别在于它们处理光电二极管产生的电荷的电路结构不同，但其组成（如微透镜、彩色滤光片和光电二极管等）是相同的。

图 5-24 展示了 CCD 结构和 CMOS 结构如何读取积累在光电二极管中的电荷。

CCD 将积累在光电二极管中的电荷像接力递水桶一样在像素之间传递，然后送到同一个放大器将其转换为可以读取的电信号。电荷传递需要高电压，会导致高能耗和读取时间较长，这是其缺点。然而，由于所有像素使用相同的放大器，不会受不同放大器特性差异的影响，通常图像质量较好。

另一方面，CMOS 结构中的每个像素都带有放大器。由于电路采用低功耗的 CMOS 构建，因此能耗较低，而且可以立即通过放大器将电荷转换为可以读取的电信号，因此读取速度较快。然而，由于每个像素都有放大器，因此放大器的特性差异会降低图像质量。

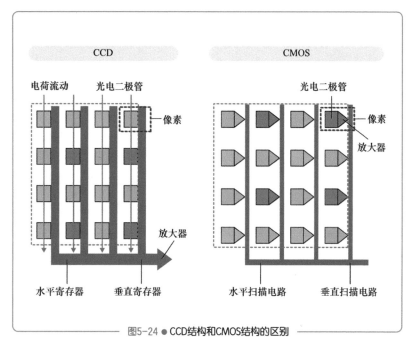

图5-24 ● CCD结构和CMOS结构的区别

此外，CMOS 结构还存在一个问题，即由于在每个像素内部嵌入了电子电路，会减少到达光电二极管的光量，导致感光度较差（见图 5-25a）。

然而，2008 年索尼开始量产背面照射型 CMOS 图像传感器"Exmor R"。如图 5-25b 所示，这种传感器通过从芯片的背面入射光线，使到达光电二极管的光量大大增加。

此后，索尼继续引领着这一领域的创新，如开发堆栈型 CMOS图像传感器和 35mm 全画幅背面照射型 CMOS 图像传感器等。

CMOS 结构与当前的 LSI（大规模集成电路）工艺有很多共通之处，因此容易与其他数字电路集成，更容易实现低成本，这是它的一大优点。而 CCD 结构则需要特殊工艺，成本较高。

因此，图像传感器正在不断朝着 CMOS 化的方向发展，现在 CMOS 图像传感器已经完全成为主流。

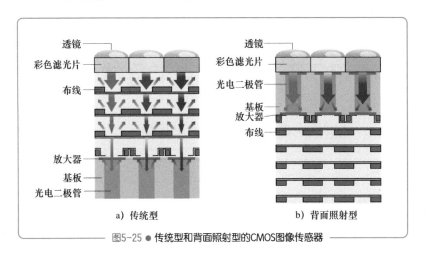

图5-25 ● 传统型和背面照射型的CMOS图像传感器

5-6

用于无线通信的半导体

能够放大毫米波段电波的半导体

如第 2 章所述，为了能够满足收音机和电视中的使用需求，晶体管经历了高频化的发展。然而，晶体管放大器在频率增高时，增益会降低，传统的晶体管在实际应用中的极限约为数 GHz。

然而，无线通信中已经开始使用 5GHz、数十 GHz 甚至接近100GHz 的电波。在过去，这个频段不得不依赖于电子管，如行波管（TWT）。

在这个领域取得突破的是富士通研究所的三村高志，他于 1979年发明了 HEMT（High Electron Mobility Transistor，高电子迁移率晶体管）。

HEMT 是一种超高频晶体管，能够工作在从数十 GHz 的微波频段到接近 100GHz 的毫米波频段。此外，HEMT 的低噪声特性也是其重要的特点之一，在放大微弱信号方面非常有优势。

HEMT 的基本结构是场效应晶体管（FET）。但与传统的 FET相比，HEMT 经过一些改进以提高其高频特性和降低噪声特性。关键改进点有两个。

（1）采用了比硅电子迁移率更高的 GaAs，因此电子可以在晶体中高速移动，可以处理高频信号。

（2）在基板上制备了"电子发生层"和"电子传输层"，利用"电子传输层"使电子能够高速移动。

HEMT 的基本结构如图 5-26 所示。

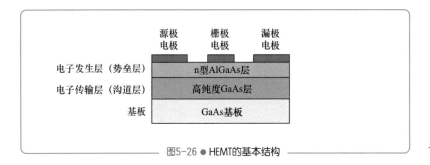

电子发生层（势垒层）　　　　n型AlGaAs层

电子传输层（沟道层）　　　　高纯度GaAs层

基板　　　　　　　　　　　GaAs基板

源极电极　　栅极电极　　漏极电极

图5-26 ● HEMT的基本结构

HEMT 在 GaAs 基板上形成了一个高纯度不含杂质的 GaAs 晶体层，用作电子传输层（沟道层）。再在其上方通过外延生长堆叠了 n 型 AlGaAs 晶体层，用作电子发生层（势垒层、阻挡层）。

基板是不含杂质的 GaAs 晶体，几乎是绝缘体。HEMT 中的电子载流子由势垒层中带有 n 型杂质的 AlGaAs 晶体产生。

由于 AlGaAs 晶体中的 Al 和 Ga 都是Ⅲ族元素，因此，通过适当比例地混合 Al 和 Ga，可以与 GaAs 一样形成Ⅲ-Ⅴ族化合物半导体。混晶会使晶体的电学性质稍微改变，AlGaAs 的带隙大于 GaAs。

通过利用这个带隙差，可以将在 AlGaAs 层中生成的电子集中到 GaAs 层，使得电子在不含杂质的 GaAs 层中移动。

图 5-27 从概念上展示了 HEMT 和 MOSFET 在工作原理上的差异。

图中左侧是 HEMT，电子从势垒层生成后，通过下方的沟道层从源极向漏极移动。沟道层是高纯度 GaAs 晶体，电子可以在其中快速移动而不会与杂质碰撞。此外，因较少发生散射，HEMT 也具有低噪声的特点。

另一方面，图中右侧显示的 MOSFET 中，电子的产生和传输都发生在同一 n 型晶体内。因此，当电子移动时，它们会与晶体内的杂质发生碰撞和散射，导致移动速度减慢并产生噪声。

通过将产生电子的层（n 型 AlGaAs 层）与电子移动的层（高

纯度 GaAs 层）分离这一巧妙的想法，实现了 HEMT 这种划时代的超高速低噪声晶体管。

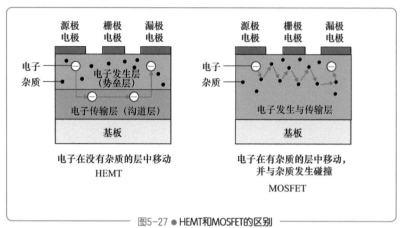

图5-27 ● HEMT和MOSFET的区别

HEMT 中电子（载流子）能够以超高速移动，因此与使用频率仅限于数 GHz 的传统晶体管相比，HEMT 可以在数十 GHz 甚至更高的频率下工作，而且噪声极小也是其作为放大器的重要优势。

最初的 HEMT 产品被用于日本野边山的宇宙射电望远镜（1985年）。

射电望远镜用于接收来自宇宙的极微弱电波，通常使用巨大的抛物面天线。通过在其接收部分安装 HEMT 放大器以放大微弱的电波，可以显著提高射电望远镜的灵敏度。

HEMT 在 77K 的液氮温度下具有比常温更高的电子迁移率，因此可以实现比在常温下性能更高（增益更大，噪声更小）的放大器。将其用于射电望远镜，能够以高灵敏度捕捉来自宇宙的电波。

另外，有一个常见的应用实例是在家庭卫星电视天线中，使用了 HEMT 放大器来接收 12GHz 频段的电波。

到目前为止的介绍中，本节都是围绕 GaAs 系半导体材料进行的，但根据目的和用途，也可以使用其他的化合物半导体材料。

最近备受关注的是氮化镓（GaN），它具有比 GaAs 更大的带隙，其优点是可以在高温下运行，并且具有较高的击穿电压。

因此，使用 GaN 可以实现高输出功率和高电压下可用的 HEMT。虽然电子迁移率低于 GaAs，但由于饱和电子漂移速度较高，因此在高速操作方面也没有问题。

随着智能手机的高速化和大容量化，使用的无线电波频率也变得更高。

在 1G 和 2G 时代，使用了 800MHz 频段，而在 3G 时代使用了 2GHz 频段，4G 时代使用了 3.5GHz 频段，5G 时代甚至扩展到了 28GHz 频段。

GaN HEMT 在高频电波的高功率基站发射器中有着非常合适的应用。GaN HEMT 的基本结构与 GaAs HEMT 相同，其中势垒层使用 AlGaN，沟道层使用高纯度的 GaN。

然而，近年来，Si 器件在高频领域也取得了进展。除了一些特殊应用领域，如卫星和需要高功率的基站等，高频器件也正在逐渐被成本较低的 Si 器件所取代。

例如，将约 10% 的 Ge 添加到 Si 晶体的基区，可以制造出 SiGe 异质结双极型晶体管，这样可以减小基区的带隙，实现较薄的基区，从而实现高频化。

此外，随着 CMOS 技术的不断微缩化，栅长在 40nm 以下的 MOSFET 在毫米波频段也能够正常工作。例如，在 76GHz 毫米波频段的汽车雷达应用中，已经有基于 CMOS 技术的产品投入市场。

5-7

 支撑工业设备的功率半导体

能够在高电压下运行的半导体

这里介绍的功率半导体指的是在高电压和大电流下，也就是高功率条件下使用的器件。其应用领域如图 5-28 所示。

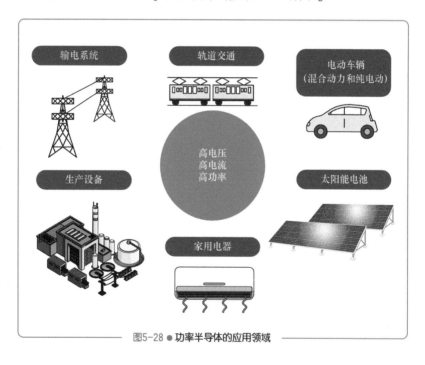

图5-28 ● 功率半导体的应用领域

例如，为了提高发电站输电线的输电效率，采用数十万 V 的超高压，而即使是靠近住宅的送电线，也有 6600V 这样相当高的电压。

一本书读懂半导体

此外，驱动交通工具的电动机需要大功率，因此电动汽车通常以约 600V 驱动，而有轨电车中则会用到更高的电压，达到 1500V（直流）或 20000V（交流）。

在如此高功率的应用场景中使用的半导体就是所谓的功率半导体。

功率半导体在功能上主要用于模拟信号的处理。首先，它们被用作控制大电流和高电压的电路开关。

除此之外，在高功率应用中，它们还用于将交流电转换为直流电（AC-DC 转换）和改变直流电压（DC-DC 转换）等，如图 5-29 所示。

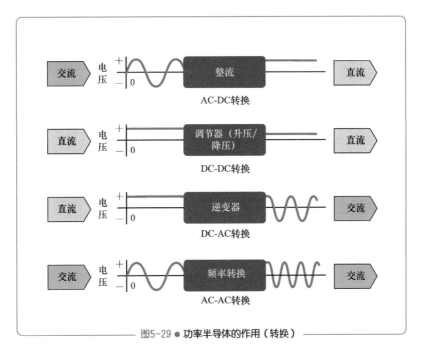

图5-29 ● **功率半导体的作用（转换）**

对于功率半导体而言，其特性要求与数字半导体和一般的模拟半导体略有不同。

首先，具有高耐压是非常重要的。理所当然的是，要驱动 600V 就必须具有 600V 以上的耐压能力。

此外，还需要具有低导通电阻。

例如，假设某元件存在 1Ω 的寄生电阻，如果在 5V、100mA 的条件下使用，将会产生 0.5W 的功耗。然而，如果在 500V、10A 的条件下使用，那么功耗将达到 5000W，这将导致极大的电能损失和热量产生。因此，低导通电阻非常重要。

另外，由于高功率会产生大量热量，因此散热性能也变得非常重要。

此外，功率半导体常用于 AC-DC 转换等需要使用交流电的应用，因此需要具备高频操作和低寄生电容等特性，这与一般的模拟半导体所需的特性相似。

具备以上特性的功率半导体通常采用了两种不同的实现方法。

其中一种方法是通过改进成本较低的硅器件结构，使其能够在高功率条件下使用。第二种方法是采用具有较大带隙和高耐压电压能力的材料，如 GaN 或 SiC。

首先，作为改进硅器件结构的示例，我们在图 5-30 中展示了功率 MOSFET。这看起来与普通的 MOSFET 相似，但栅极旁边是源极引脚，而漏极引脚是从底部引出的。

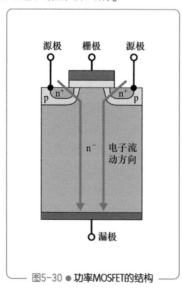

图5-30 ● 功率MOSFET的结构

在这种结构下，漏极的 n⁻ 区域较宽，因此可以实现高耐压。此外，与普通的 MOSFET 相比，可以更容易地增加器件的尺寸，有助于降低电阻，并且容易散热。

接下来，图 5-31a 展示了 IGBT（Insulated Gate Bipolar Transistor：绝缘栅双极型晶体管）的结构和等效电路。它采用了在双极型晶体管的基区上覆盖氧化膜的结构。简单来说，IGBT 是一个融合了具有高耐压大电流特性的双极型晶体管和高速开关特性的 MOSFET 的器件。

图 5-31b 显示了 IGBT 在工作时的等效电路图。IGBT 的工作方式类似于 pnp 晶体管，其基极电流由栅极电压控制。

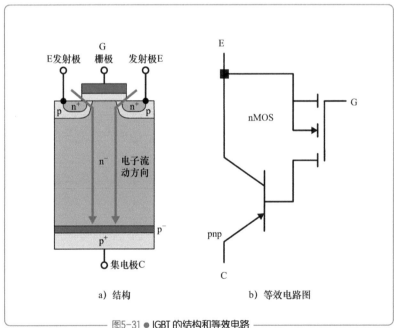

图5-31 ● IGBT 的结构和等效电路

第二种方法是使用在 5-5 和 5-6 中介绍的 GaN，以及在 1-7 中介绍的金刚石和 SiC 等宽带隙材料。尽管金刚石被誉为极致的半导体，但仍未实际应用。与此同时，SiC 和 GaN 器件已经开始实用化。

在这种情况下，通过使用比硅具有更大的带隙、更高的电子迁移率和更好的散热特性的材料，可以简单实现高性能的功率半导体。

然而，材料和制造方面的成本仍是目前最大的难题。随着成本的进一步降低，宽带隙材料有着广阔的发展前景。

半导体之窗

光的能量

光（一般来说是电磁波）同时具有波动性和粒子性。光的粒子称为光子，它是基本粒子之一。

光子的能量 E 可以表示如下：

$$E = h\nu = hc/\lambda \tag{1}$$

式中，h 代表普朗克常数（6.6261×10^{-34} J·s）；c 表示光速（2.9979×10^8 m/s）；ν 表示（每秒的）振动次数（即振动频率）；λ 表示波长（单位 m）。

正如这个方程所示，频率越高的光，或者说波长越短的光，其能量就越高。

将式（1）中的数值代入，可以得到能量 E 的单位是"J（焦耳）"。

然而，在半导体领域通常使用"电子伏特（eV）"作为能量单位，诸如能带间隙等的数值常用此单位表示。其定义是通过施加 1V 的电压，一个电子被加速所获得的能量。

$$1[eV] = 1.6022 \times 10^{-19}[J] \tag{2}$$

将数值代入式（1）以 $[eV]$ 为单位表示时，

$$E = (6.6261 \times 10^{-34} \times 2.9979 \times 10^8)/1.6022 \times 10^{-19} \cdot \lambda$$

$$= 1.2398 \times 10^{-6}/\lambda \ [eV] \tag{3}$$

这就是计算光的能量的公式。

在式（3）中，波长 λ 的单位是"米（m）"，但在光学中，通常也使用纳米（nm）作为波长的单位。因此，如果用［nm］表示波长的单位，1nm = 10^{-9}m，那么式（3）可以写成：

$$E = 1.2398×10^3 / λ = 1239.8 / λ［eV］ ≈ 1240 / λ［eV］ \quad (4)$$

这个关系已经在图 5-A 中表示出来了。

正如从这张图中可以看出的那样，波长较短的光具有更高的能量。

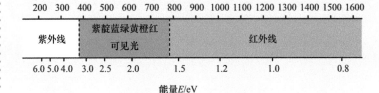

图5-A ● 光的波长和能量之间的关系